U0220814

A Century of Colour in Design

破译经典产品颜色密码，讲述现代产品设计色彩变迁的故事

A Century of Colour in Design

色彩的故事

世界产品设计配色 100 年

[澳] 大卫·哈里森（David Harrison） 编著
刘巍巍 译
王诗白 译校

广西师范大学出版社
· 桂林 ·

目 录

前 言

写一本涵盖一百年来家具、灯具等室内产品设计的书，还要选取其中优秀的作品，无疑是一项艰巨得令人望而生畏的任务。幸运的是，如果以色彩作为筛选标准，我们还是能够精选出那些在设计过程和成功经历中色彩起到关键作用的作品。

有趣的是，在第一次世界大战前，人们还很少注意家居产品中色彩的应用或融合，而地毯、艺术品和室内装饰品的色彩才一直是最朴素的室内环境离不开的元素。从家具设计的发展来看，目前天然木材仍然是其主要制作材料。要改变这种情况，需要思维前卫的设计师的积极推动、工业流程的不断发展，以及消费者需求的催化。

始于 1919 年的包豪斯运动（Bauhaus movement）开创了一种全新的现代美学，旨在实现艺术与工业的融合，创造高度实用的产品。尽管包豪斯强调色彩理论，但在建筑和产品设计中，色彩的应用相对较少。相比之下，诞生于同一时期的荷兰风格派运动（De Stijl movement）的推动者则成为原色应用的开创者。在这两种理论的相互竞争之中，一个崇尚形式与功能结合的新时代来临，色彩成了千变万化的产品设计的要素之一。

到了 20 世纪 30 年代末 40 年代初，色彩开始渗透数百万人的日常生活。从拉塞尔·赖特设计的美国现代风格系列餐具（第 15 页）在美国创造的惊人销售量可见一斑：这个系列的餐具在其 20 年的生产期内累计销售了超过 2.5 亿套。1935 年，制造商赫伯特·特里公司决定通过丰富产品色彩的方式助力之前在英国成功推出工业风格的安格普灯具进军家庭市场，经过一番设计改进，推出的 1227 型安格普台灯（第 14 页）有红色、蓝色、绿色和黄色等多种颜色可供选择，结果取得了巨大的成功。

第二次世界大战后，色彩开始真正展现它的魅力，大量新型塑料材料，如三聚氰胺、ABS、聚碳酸酯和聚丙烯等开始得到广泛应用。随着人们对适应机械化生活方式的产品的需求不断增加，设计领域出现了激进的新方法。意大利从一个战败国转变为工业强国，不仅大量生产汽车、摩托车、服装和鞋履，同时还引领了家具和灯具设计的风格创新。相较于包豪斯一派迷恋的格子和立方体，二战后的意大利设计师更加痴迷于富有表现力的形状，常常选择明亮的色彩来凸显产品的雕塑感。红色开始常见于戏剧性效果的展现，如马尔科·扎努索在 1948 年设计的极具颠覆性的安特罗普斯扶手椅（第 24 页）以及几年后推出的传统时尚的女士扶手椅（第 41 页）。

到了 20 世纪 60 年代，设计师对自由、实验精神的推崇和对新型合成材料的信心达到了巅峰。这个时代的设计师开始大规模地将色彩和图案融入服装设计中，室内设计也紧随其后。色彩明亮的塑料椅子、桌子、灯具等家居产品迅速流行，持续到整个 70 年代，甚至延续至 80 年代初，在孟菲斯运动（Memphis movement）中达到高潮，这一时期的色彩和图案几乎被运用到了极致。

到了 20 世纪 80 年代中期和 90 年代，人们对色彩的兴趣逐渐减弱，作为对前十余年色彩使用“极端主义”的回应，极简主义（minimalism）成为时尚和室内设计的主导风格。这一时期的产品通常形态优美、简洁，常常使用单色或介于米黄色和灰色之间的灰褐色。

21 世纪初以来，室内产品设计中对色彩的应用重新焕发活力，起初缓慢而稳定，如今势头强劲，决定一个产品的色彩在设计过程中变得越来越重要，而不再是事后的附带考虑。设计师在色彩应用方面各抒己见，选择甚至创造自己的调色板，创造越来越复杂的色彩组合。与此同时，流行色彩也在不断更新，以与全球潮流保持同步更新。

实际上，在当代设计中，色彩已经成了一个至关重要的元素，如前卫的瑞士维特拉家具公司在2007年聘请荷兰设计师海拉·荣格里斯（第164页）担任色彩与材料艺术总监。在打造维特拉色彩与材料库的过程中，荣格里斯便强调了精心设置的复杂色彩应用对设计产品的价值所在。

像荣格里斯这样深谙色彩之道的设计师，以及那些创新运用色彩设计的室内家居产品，是这本书的重点。本书并非一本关于20世纪和21世纪初家居产品设计的学术论著，而是通过一系列实例呈现出过去百年间家居产品在色彩运用上的变化。无论是微妙的点缀还是大胆的铺陈，色彩与设计完美融合时所带来的活力和能量都是不容忽视的。

人们对家居环境中色彩斑斓的产品的热情还能持续多久？是否会再次渴求简约、朴素，甚至令人感到宁静的色彩组合？这些问题的答案我们暂时无法得知。但目前，我们正处于一个高潮之中，这一潮流可以追溯到100年前。那时，包豪斯设计学院的院长沃尔特·格罗皮乌斯别出心裁，设计了F51扶手椅放在自己的办公室里，椅面采用厚密的黄色织物，周围都是深红色的柜子；与此同时，荷兰风格派的追随者格里特·里特维尔德则为一把原本朴素的木椅涂上了红色和蓝色，也引起了轰动。

关于作品时间的说明

本书收录的作品是按照设计时间而非通常的首次生产时间排序的（在图书排版中，部分作品顺序稍有调整，是设计师出于对作品配色在版式设计中的考量而做出的变动，并非排序错误——编辑注）。原因在于，设计是一项富有创造力的工作，有时设计师的创意可能无法应用于实际生产制造或错过了时机。比如，乔·科伦坡为卡特尔家具公司设计的4801型扶手椅（第70页）在1963—1964年的设计阶段计划采用塑料制作，但由于当时塑料应用技术的限制，制造商只能使用胶合板代替，40多年后，这把椅子才重新采用热塑性材料进行再版。科伦坡的设计一直以来都超前于他所处的时代，不断突破可能性的边界。

同样，有些设计可能在消费者看来过于前卫。如卡斯蒂廖尼兄弟的鞍座凳（第49页）于1957年设计完成，但直到1983年才开始生产。如果按照它的生产时间来排序，那么在当时所处的时代中它所展示的突破性将会被忽视。本书非常注意确保设计时间的准确性，因此在没有记录、设计师已经不再从事设计工作或者已经过世的情况下，均会列出接近的设计时间，并在接近的设计时间前使用“约”来提示。

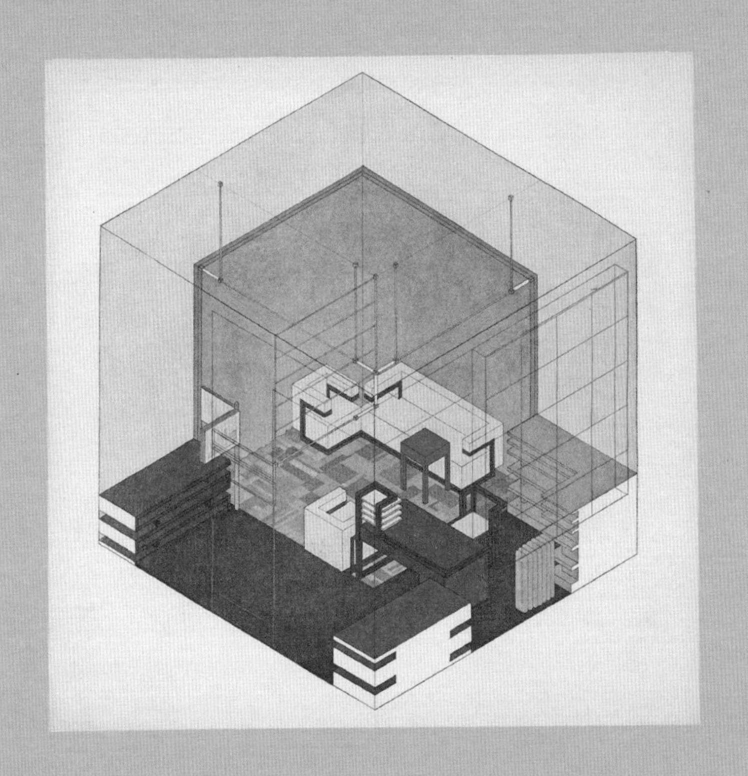

沃尔特·格罗皮乌斯在魏玛包豪斯设计学院的办公室的等距透视图，1923 年。
赫伯特·拜尔（Herbert Bayer）绘制，格罗皮乌斯设计

F51 ARMCHAIR
F51扶手椅

沃尔特·格罗皮乌斯（Walter Gropius）

1920

这款前卫的扶手椅被设计成边长 70 cm 的立方体，是包豪斯设计学院院长格罗皮乌斯特别为自己的办公室设计的——他的办公室本身是一个边长 5 m 的立方体。椅子选用了黄色羊毛面料，搭配包豪斯设计学院编织专业学生格特鲁德·阿恩特（Gertrud Arndt）设计的蓝黄几何图案地毯。椅子的木质框架呈现出棱角分明的 C 形剖面，由于两侧支撑座面的支柱设计，它与世界上第一把悬臂椅的称号失之交臂，但马特·斯坦姆（Mart Stam）在 1926 年设计的 S33 扶手椅（S33 armchair）很有可能就是受到了它的启发。F51 扶手椅在 1923 年的包豪斯展览上首次亮相，尽管后来并未投入量产，但自 1986 年起，德国泰科塔家具公司（Tecta）按照原始尺寸制作了多种颜色的 F51 扶手椅。

BAUHAUS CRADLE

包豪斯摇篮

彼得 · 凯勒（Peter Keler）

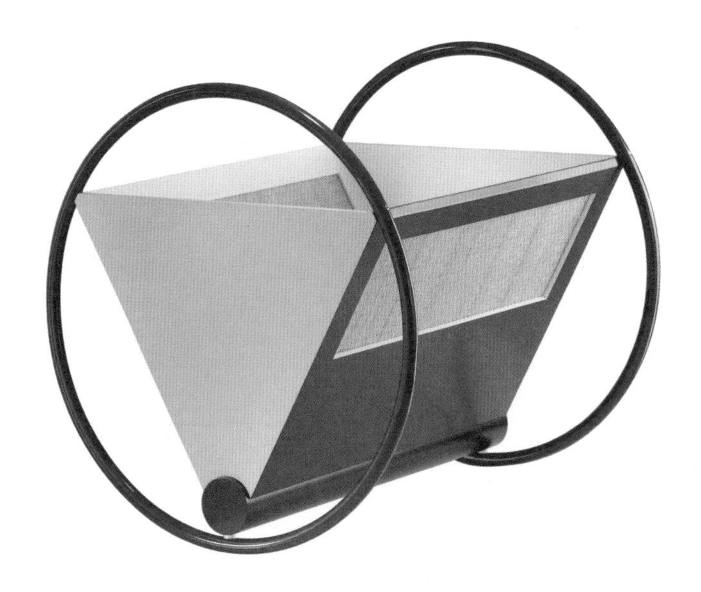

1922

凯勒从抽象派艺术家瓦西里 · 康定斯基（Wassily Kandinsky）的色彩理论中获得灵感，将红、黄、蓝三种颜色的几何形状巧妙地融合在一个物体中。摇篮由漆面木材和金属制成，侧面采用编织藤条进行装饰。为了降低重心，底部配有黑色的圆柱形重物。这款摇篮最初是为 1923 年的包豪斯展览设计的，直到 1975 年，德国泰科塔家具公司开始批量生产，并推出了两种尺寸，一种是原始尺寸的摇篮，另一种稍小尺寸的则作为杂志架使用。

RED AND BLUE (635) CHAIR
红蓝椅(635)

格里特 · 里特维尔德（Gerrit Rietveld）

1918—1923

这款椅子最初完全用木材制成，在1921年的时候表面被涂成白色，如今，我们只能在想象中还原椅子最初的样子。这款由荷兰建筑师里特维尔德设计的棱角分明的椅子为人所熟知的名字是“红蓝椅”，是因为于1923年设计完成的版本拥有色彩鲜明的风格派特色。

不过，“红蓝椅”这个名字着实容易让人误解，因为1923年的版本实际上是以浓郁的黑色为主色调，木板条末端点缀着明亮的黄色，只有靠背和座面分别涂着饱和的红色和蓝色。这种风格派的构成方式是里特维尔德加入风格派运动之后才引入其设计的。与风格派的其他艺术家一样，里特维尔德开始在家具设计和建筑中运用色块构图的手法，其中最著名的作品便是他于1924年在自己的家乡乌特勒支建造的施罗德住宅（Schröder House）。

风格派艺术家的一个核心理念是把二维和三维的图形进行简化，把几何形状化为精准排列的水平和竖直的线条，配色也仅由红、黄、蓝、黑和白这几种纯粹而经典的颜色构成。

红蓝椅的严谨形式和毫无装饰的设计或许对非专业人士来说有些难以理解，但里特维尔德的初衷是设计一把视觉上通透、体量极小的椅子，摆放的时候不会打断室内空间的流动性，同时也可以投入批量的机械化生产。

1973年，红蓝椅以最广为人知的亮丽形象重新问世，由意大利卡西纳家具公司（Cassina）推出。在2007年，位于鹿特丹的Minale-Maeda工作室用乐高积木近乎完美地复制了这把椅子。不过，受积木块大小所限，复制品还是比原作大了约6%。而且，由于作品版权问题，复制品最终无法投入大规模生产。

WASSILY (B3) CHAIR
瓦西里椅(B3型)

马塞尔·布劳耶（Marcel Breuer）

1925—1927

坊间传闻，从包豪斯设计学院毕业后留校任教的马塞尔·布劳耶是受到了自行车把手的启发，才在家具设计中使用钢管材料的。他对传统俱乐部椅进行解构，用纤细的钢管重新演绎，设计了瓦西里椅（B3 型），这一设计更多地呈现了虚空感而非实体材料。这款椅子一经问世，立即引起了轰动，在包豪斯设计学院的建筑中随处可见（用于礼堂的 B1 型和折叠款 B4 型较为普遍），甚至还出现在俄罗斯艺术家、包豪斯绘画大师瓦西里·康定斯基的家中。瓦西里椅最初在包豪斯设计学院流行的时候，其悬空座面是用一种强韧的棉蜡线（德国人称其为“铁丝纱”）编织而成的，有红色、橙色和绿色三种颜色。不过自 1968 年起，美国诺尔家具公司（Knoll）开始使用皮革代替棉蜡线来制造这一经典之作。

BLUE MARINE RUG

蓝色海洋地毯

艾琳 · 格雷（Eileen Gray）

1925—1935

这款地毯是艾琳 · 格雷为自己在法国里维埃拉的实验住宅 E1027 精心设计的。地毯的设计给人带来一种在海边生活的愉悦感，完美展现了这位出生于爱尔兰，后来定居法国的设计师的心之所系。地中海的蓝色、救生圈（E1027 的阳台上挂着一个）以及数字 10 等元素都在地毯上得到了体现。数字 10 暗示英文字母表中的第十个字母“J”，象征着她的爱人让 · 巴尔德里奇（Jean Balderici），E1027 正是为他而设计的。格雷和她的同事伊夫林 · 怀尔德（Evelyn Wyld）曾在摩洛哥深入研究编织和染色技术，后于 1910 年左右在巴黎开设了地毯工作室。

PH3/2 TABLE LAMP
PH3/2台灯

波尔 · 亨宁森（Poul Henningsen）

1926—1927 丹麦设计师波尔 · 亨宁森受对数螺旋线的启发，为他备受赞誉的PH 系列灯具设计了具有革新意义的三层灯罩。PH3/2（数字 3 指的是最外层的大灯罩直径为 30cm）是这个系列中的一款产品。PH 系列灯具经路易斯 · 波森灯具公司（Louis Poulsen）推出后，五年内便出售了三万盏。这个系列早期的产品采用铜质灯罩，上覆日本红或森林绿的珐琅以及乳白色玻璃。PH 系列灯具因其柔和、舒适的光线以及超低眩光而备受欢迎，可广泛应用于各种场所，如火车站、咖啡馆、酒吧和住宅。

WEISSENHOF DINING SETTING

魏森霍夫餐桌椅组合

雅各布斯 · 约翰内斯 · 彼得 · 奥德（Jacobus Johannes Pieter Oud）

1927

这款餐桌椅采用天蓝色的镀铬钢管制作，这个色调在当时的装饰潮流中显得尤为独特，与流行的抛光铬镀层形成鲜明对比，也与风格派偏爱的深蓝色有所不同。设计师奥德以朴素而独特的设计风格闻名，他与格里特 · 里特维尔德、彼特 · 蒙德里安（Piet Mondrian）等人一同参与了荷兰风格派运动，并成为在斯图加特举办的魏森霍夫住宅博览会指定的设计师之一，为博览会设计现代住宅（博览会后形成的魏森霍夫住宅区现为联合国教科文组织认定的世界文化遗产）。这套餐桌椅组合最早仅在博览会展出的其中一套住宅中出现，50 年后，荷兰海牙的家具制造商 Kollektor Perpetuel 推出了 100 套魏森霍夫餐桌椅组合的限量版产品。

HALLWAY CHAIR
走廊椅

阿尔瓦·阿尔托（Alvar Aalto）

1929

有时候，色彩的选择并不仅仅是为了追求美感。芬兰的帕米欧结核病疗养院委托阿尔瓦·阿尔托和他的妻子艾诺·阿尔托（Aino Aalto）设计建筑、室内和家具。在此过程中，他们与医生进行了深入的探讨，希望选用那些在结核病患者身心康复方面具有辅助作用的色彩。为了实现这一目标，他们与艺术家埃伊诺·考利亚（Eino Kauria）合作，设计出了复杂、精致的配色方案。方案采用了明亮的黄色和赭黄色，同时搭配了宁静的天蓝色和淡绿色。该配色方案贯穿于整个建筑，从墙壁、地板、天花板到椅子。这款走廊椅可以叠放，由实心桦木和胶合板制成，广泛应用于接待区、病房和走廊。椅子最初命名为 51 型，后来由阿泰克家具公司（Artek）推出时，命名为 403 型，成为经典之作。

SAVOY VASE
萨沃伊花瓶

阿尔瓦·阿尔托（Alvar Aalto）

1936

这个系列的花瓶以当时在赫尔辛基备受时尚人士推崇的萨沃伊餐厅命名，萨沃伊餐厅由阿尔瓦·阿尔托和妻子艾诺设计，不过这款标志性的产品现在却以“阿尔托花瓶”的名字销售。萨沃伊花瓶拥有柔和的有机形式的外形，从任一角度观察，其外形都有所不同。这款花瓶曾在芬兰伊塔拉玻璃工坊（Iittala glassworks）举办的比赛中获得第一名，并在1937年的巴黎世界博览会上展出。阿尔托理性地选择了半透明的海绿色、湛蓝色、烟色、琥珀色和透明色，因为它们易于调制又不失细腻。直到20世纪50年代，这个系列的花瓶才新增了更加鲜艳的色彩。

MODEL 1227 ANGLEPOISE LIGHT

1227型安格普台灯

乔治 · 卡沃丁（George Carwardine）

1934

安格普台灯最初作为一款工业照明灯问世，专为工厂车间和医疗行业设计，并推出了黑色、金属铬色和奶油色系列产品。但制造商很快便意识到它在家用灯具市场也有巨大的潜力，于是，英国汽车工程师卡沃丁针对原产品进行了改良，为台灯加上了优雅的底座和灯罩。改良后的设计获得了赫伯特 · 特里公司的认同，并与他合作。在他们的积极推广下，全新的 1227 型安格普台灯于 1935 年推出，除了黑色和金属铬色外，还有蓝色、红色、绿色和黄色可供选择。从此以后，1227 型安格普台灯成了现代家居环境中的必备之物。

AMERICAN MODERN TABLEWARE
美国现代风格系列餐具

拉塞尔 · 赖特（Russel Wright）

1937

这一系列陶瓷餐具的色彩以自然为灵感，命名为“豆褐色”“黄绿色”“珊瑚色”“花岗岩灰”和“海沫绿”，高级而略带泥浊的颜色以及有机形状使这个系列的产品从当时的同类产品中脱颖而出。1939 年，美国现代风格系列餐具在美国俄亥俄州的斯蒂文维尔陶瓷公司（Steubenville Pottery Company）开始合作生产，20 年后，在售出超过 2.5 亿件陶瓷制品后停产。无论是家居产品方面，还是纺织品方面，剧场设计师同时也是自学成才的工业设计师拉塞尔 · 赖特和他的妻子玛丽 · 赖特（Mary Wright），都对美国人接受现代主义风格的设计形式产生了深远的影响。2008 年，总部位于洛杉矶的鲍尔陶瓷公司（Bauer Pottery）重新推出了这个系列的产品。

SOFA 3031
3031沙发

约瑟夫 · 弗兰克（Josef Frank）

约1940

这款五座沙发最初采用了 14 种蓝绿色的麻布，作为定制订单而诞生。这款沙发长度超过 3.5 m，毫不意外地被称为“长沙发”。沙发由羽绒和泡沫坐垫以及榉木腿构成，其内敛的设计展示了瑞典家具的独特魅力，能够自然地融入非传统的面料。由于设计简约，3031 沙发可以搭配约瑟夫 · 弗兰克设计的色彩丰富的花卉面料，也能展现他和瑞之锡家居设计公司（Svenskt Tenn）的创始人艾斯特里德 · 埃里克松（Estrid Ericson）最初设定的细腻色调。弗兰克是该公司最重要的设计师，在 33 年里设计创作了 2000 幅家具草图和 160 种纺织品印花图案。

STANDARD CHAIR
标准椅

让 · 普鲁韦（Jean Prouvé）

1944

经过数十年的发展，并采用不同材料制作多个版本后，让 · 普鲁韦的标准椅成了他在陶瓷、钢管和铝材料实验中工程技术上研究成果的见证。在这个设计里，普鲁韦专注于结构，并考虑如何让使用者的重量更多地由椅子的后腿而非前腿来支撑。标准椅比起他之前研究设计的折叠椅有了更进一步的发展，而且这个最终版本更轻盈、更稳固。普鲁韦同时专注于展示材料本身的天然纹理，也不排斥使用多种色彩，他的这个系列产品提供了包括醒目的“海盗红”在内的 16 种颜色。

TEXTILE MANHATTAN

“曼哈顿”织物图案

约瑟夫 · 弗兰克（Josef Frank）

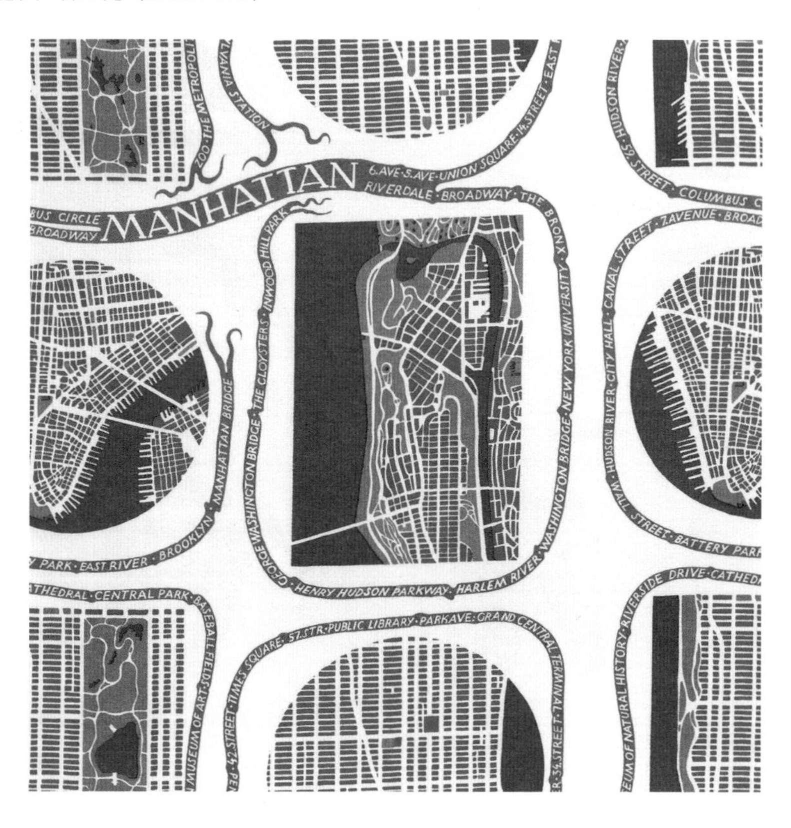

1943—1945

弗兰克是奥地利人，后移民定居于瑞典，但他和他的瑞典妻子安娜在 1941—1946 年住在纽约，在某种程度上可以把“曼哈顿”织物图案看作他对这座城市的敬意。弗兰克认为，纽约的规划以其压倒性的简洁易懂而吸引人，因此他在米色麻布背景上以红、绿、蓝、灰四色描绘了一幅曼哈顿岛屿的地图。尽管这个图案在很大程度上基于实际地图，但它仍保留了弗兰克为瑞之锡家居设计公司创作的早期作品中特有的趣味性，如以有飘动感的带形旗来标记华盛顿大桥和时代广场等地标。

CHILDREN'S FURNITURE
儿童家具

伊姆斯夫妇（Charles & Ray Eames）

1945

儿童家具系列包括一把椅子、一个凳子和一张桌子，是二战时模塑胶合板实验的有趣成果（当时，伊姆斯夫妇为美国海军设计了腿部夹板）。实际上，儿童家具系列是伊姆斯夫妇首次试水商业家具设计的产品。这个系列的产品由美国加利福尼亚州的埃文斯家具公司（Evans Products）生产，他们同时也在开发伊姆斯夫妇设计的首款全尺寸模塑胶合板椅（LCW moulded plywood chair）。儿童家具系列由模塑桦木胶合板制成，有红、蓝、黄、品红和黑色可选。椅子上有一个可爱的心形缺口，可作为提手使用。虽然该系列产品只生产了5000件，但在2004年，维特拉家具公司限量推出了1000把椅子和凳子，全部选用原木色或染成红色的桦木制成。

WOMB CHAIR
子宫椅

埃罗 · 沙里宁（Eero Saarinen）

1946

芬兰裔美国建筑师埃罗 · 沙里宁应其朋友——诺尔家具公司的设计总监弗洛伦丝 · 诺尔（Florence Knoll）的要求设计了这个现代主义的标志性作品，诺尔希望有一款让她能真正“舒适地蜷缩进去”的椅子。这款椅子最开始被称为 70 型，但很快就因为其舒适性而得到了“子宫椅”的称呼，其舒适性更多地源于其壳体的贴身曲线，而非装饰布下的填充物。作为美国第一款大规模生产的玻璃纤维椅，它最初使用了西塞尔草来凸显其圆润的造型。该产品的第一则广告描绘了扫烟囱的工人坐在一把鲜红色的子宫椅上的画面，这则广告在《纽约客》（*New Yorker*）上刊登了 13 年。

BALL CLOCK

球钟

欧文 · 哈珀（Irving Harper），乔治 · 尼尔森（George Nelson）

1947

这款球钟由美国密歇根州的霍华德 · 米勒钟表公司（Howard Miller Clock Company）从 1949 年开始生产，有六种颜色，但最广为人知的是多色版本，已成为原子时代的象征。就像乔治 · 尼尔森联合事务所（George Nelson Associates）设计的许多其他产品一样，球钟实际上是由其设计总监欧文 · 哈珀构思的，但尼尔森［与他的设计师朋友野口勇（Isamu Noguchi）］确实参与了 1947 年的首个时钟系列的头脑风暴。该事务所在接下来的 30 年里为霍华德 · 米勒钟表公司设计了 130 多款时钟。1999 年，维特拉家具公司重新推出了球钟以及霍华德 · 米勒钟表公司曾经生产的另外几款挂钟和台钟。

GRÄSHOPPA FLOOR LAMP

蚱蜢落地灯

格蕾塔 · M. 格罗斯曼（Greta M. Grossman）

1947

微妙倾斜的三脚架、灵活拉长的灯罩和支撑着纤细的三脚架的圆形底座，使得这款像蚱蜢一样的落地灯成为格罗斯曼最具标志性的设计之一。这位瑞典建筑师和设计师于 1940 年移民美国，随后不久在洛杉矶的罗迪欧大道设立了工作室，她的设计在 20 世纪中叶美国加州现代主义的发展中发挥了巨大的作用。蚱蜢落地灯在美国由拉尔夫 · O. 史密斯灯具公司（Ralph O. Smith）生产，在瑞典由伯格鲍姆斯灯具公司（Bergboms）生产，丹麦家具品牌 Gubi 在 2011 年以九种颜色重新推出了这款灯具，使其在全球范围内获得新生。

ANTROPUS ARMCHAIR
安特罗普斯扶手椅

马尔科 · 扎努索（Marco Zanuso）

1948

在桑顿 · 怀尔德（Thornton Wilder）的戏剧《九死一生》（*La Famiglia Antrobus*）中，扎努索担任了布景设计师。在他的指导下，安特罗普斯扶手椅首次以引人注目的红色在米兰的舞台上亮相。同一年，意大利倍耐力轮胎公司（Pirelli）为了推出全新的家具品牌阿尔弗莱克斯（Ar-flex，即现在的 arflex）而委托扎努索研究如何在家具中使用乳胶泡沫。在这样一个巧合的机遇下，扎努索将这两个项目合二为一。安特罗普斯扶手椅的流线形式、健美的形态与传统扶手椅有着巨大的区别，但可能还是太过激进，因为几年后，扎努索设计的更符合传统美学的女士扶手椅（第 41 页）获得了更多的赞誉。

EAMES STORAGE UNIT (ESU)

伊姆斯储物单元

伊姆斯夫妇 Charles & Ray Eames

1949

这款产品的亮点在于，以绝缘纤维板制成的侧板和后板表面喷涂了七种不同色调的漆，打造出了一种哈勒奎小丑效果（harlequin effect，指的是一种视觉上的多样性和活力，源自哈勒奎这个戏剧角色的服装特点，他通常穿着五颜六色的鲜艳服装，这些色彩组合在一起形成了一种丰富、多样且充满活力的视觉效果），这些色调包括鲜艳的黄色、红色和蓝色等。与同在 1949 年完工的位于洛杉矶太平洋帕利塞德斯住宅区的伊姆斯住宅一样，这款储物单元和同系列的书桌都毫无保留地展现了其工业特质。目前，该款产品最初的制造商赫尔曼·米勒公司（Herman Miller）仍在生产不同的尺寸和配置的伊姆斯储物单元和书桌。储物单元采用镀锌钢支架固定桦木或胡桃木面板，还可以添加能上下拉动的凹槽门，而书桌则装有扁平的胶合板抽屉。

艾尔伯斯夫妇
Josef & Anni Albers

约瑟夫·艾尔伯斯是一位艺术家、教育家和色彩理论家，他热衷于通过一定强度的体验来促进学习，而不是通过说教的方式来教学。他说："我们越认识到颜色总是欺骗我们，就越能够发挥它的作用进行视觉表达。"[1]

早年，他曾对教育和绘画进行了深入的学习，还从事过版画制作的工作。1920年，他以学生的身份进入了在德国魏玛新成立的包豪斯设计学院。在这所学校中，工艺、艺术和建筑学相辅相成，完全遵循沃尔特·格罗皮乌斯的教育理念。在包豪斯，他遇到了来自柏林的学生安妮丽塞·艾尔莎·弗莱施曼（Annelise Elsa Frieda Fleischmann），她加入了编织工作室（这是少数几个允许女性报名的工作室）。两人在1925年结为夫妻，同年，约瑟夫成为历史上第一位以大师身份加入包豪斯的学生。也是在这一年，包豪斯迁至德绍。

艾尔伯斯夫妇与克利夫妇（Paul & Lily Klee）以及康定斯基夫妇（Wassily & Nina Kandinsky）等人是至交好友。1933年，德国纳粹党彻底关闭包豪斯，此时他们都是站在欧洲创新领域前沿的人。也是在这个时候，艾尔伯斯夫妇受到邀请，前往位于美国北卡罗来纳州新成立的进步自由艺术学院——黑山学院。

约瑟夫·艾尔伯斯在色彩方面的探索，不仅体现在他的系列绘画作品《向方形致敬》（*Homage to the Square*，1950—1976）中，也体现在他的著作《色彩互动学》（*Interaction of Color*，1963）中，这些作品定义了他一生的工作。约瑟夫·艾尔伯斯的影响非常深远，他通过生动有趣的教学，培养了一代美国和欧洲的艺术教师，鼓励他们以不同的方式观察色彩世界。

安妮·艾尔伯斯的作品既有实验性，又有永恒性，这一点在很大程度上源于她受到了包豪斯编织工作室的同事和负责人古恩塔·斯特尔兹尔（Gunta Stölzl）的鼓励。安妮认为，熟练的技巧只是服务于创新。她早期的创作主要集中在格子图案上，作品中大块的图案交织着精细的条纹，颜色交错相间。她将几何图形元素运用得出神入化，让它们在视觉上充满动感。在她的色彩搭配中，相邻的颜色相互呼应，让图案看起来像是潮起潮落一般生动。

安妮将传统的纤维材料如黄麻和亚麻与人造丝、玻璃纸和金属线混合在一起，创作出一种独特的壁挂作品，它避免了具象表现，更注重精美的图案设计。这些图案有时色调微妙，有时充满活力，将大胆的色彩与自然色调相融合。1949年，作为20世纪最著名的纺织艺术家之一，她成为首位在纽约现代艺术博物馆举办个展的艺术家，安妮的成就得到了认可。她的著作《编织论》（*On Weaving*）于1965年出版，至今仍广受赞誉。

安妮与丈夫一样，直到20世纪50年代仍旧坚持教学工作。她先是在纽黑文的家中授课，后来又为耶鲁大学（约瑟夫也在那里任教）等美国院校建筑专业的学生进行客座讲座。

安妮和约瑟夫各自独立工作，并没有合作。他们都热爱着墨西哥文化，在三十年里，他们共计造访墨西哥十四次，并在旅途中收集各种手工艺品。这对完全献身于艺术创作的夫妇对墨西哥艺术推崇备至："在墨西哥，艺术随处可见。"[2]

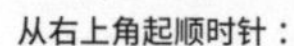

从右上角起顺时针：

安妮 · 艾尔伯斯，《结》（*Knot*），1947 年，水粉画（43.2 cm×51 cm）

安妮 · 艾尔伯斯，《红色河流》（*Red Meander*），1954 年，亚麻与棉编织品（52 cm×37.5 cm）

安妮 · 艾尔伯斯，《红蓝分层组合》（*Red and Blue Layers*），1954 年，棉编织品（61.6 cm×37.8 cm）

安妮 · 艾尔伯斯，1926 年的挂毯设计稿，未实施，用水粉与铅笔在复印纸上作画（38 cm×25 cm）

对页：

安妮 · 艾尔伯斯，约 1940 年，约瑟夫 · 艾尔伯斯摄影

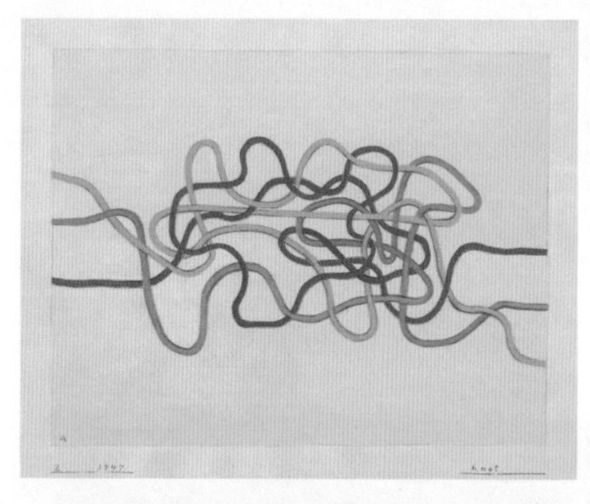

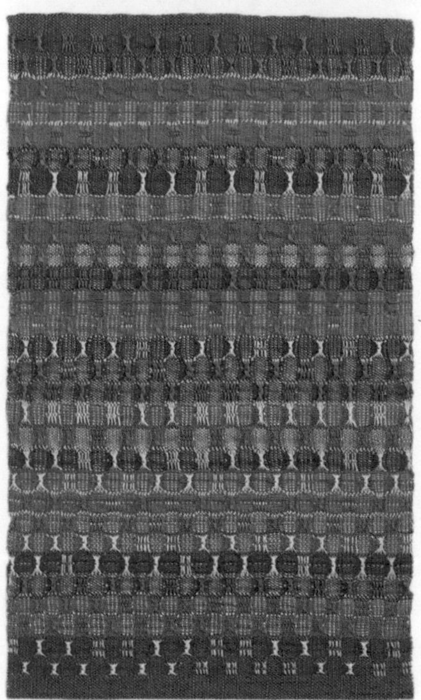

对页：

约瑟夫·艾尔伯斯在黑山学院，1944 年，芭芭拉·摩根（Barbara Morgan）摄影

从右上角起顺时针：

约瑟夫·艾尔伯斯，《公园》（*Park*），约 1923 年，玻璃、金属、铁丝与彩绘（49.5 cm×38.1 cm）

约瑟夫·艾尔伯斯，叠放桌（Stacking Tables），约 1927 年，白蜡木饰面、黑色漆与彩绘玻璃

约瑟夫·艾尔伯斯，《色彩互动学》，1963 年由耶鲁大学出版社首次出版，目前有 50 周年纪念版平装本（2013 年）

约瑟夫·艾尔伯斯，《从未存在》（*Never Before*），约 1976 年，丝网印刷作品，共 12 幅（48.3 cm×50.8 cm）

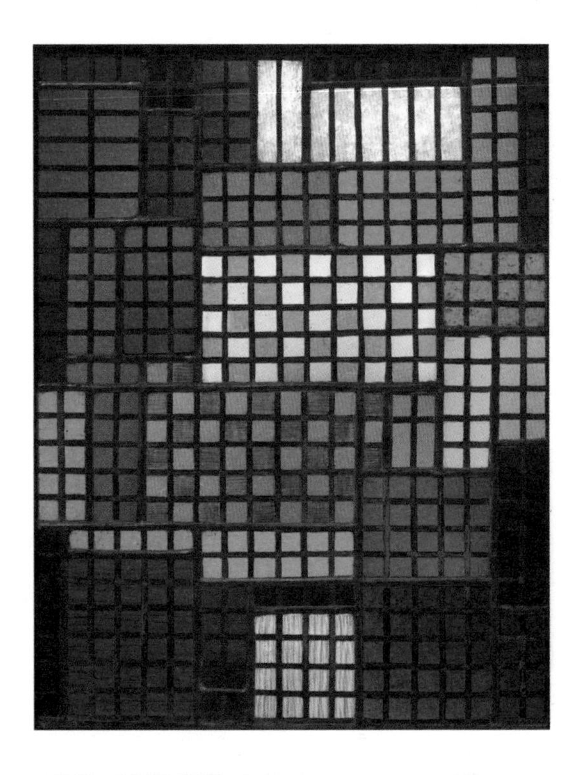

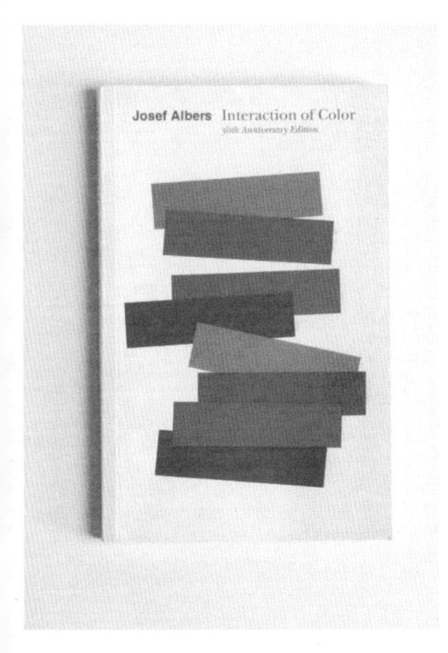

FAIENCE SNURRAN VASE
彩陶陀螺花瓶

斯蒂格·林德伯格（Stig Lindberg）

约1950

设计师以酷似陀螺的圆锥体巧妙地将花瓶和烛台两种功能合二为一。它可以单独使用，也可以三个或五个一组搭配使用。事实上，陀螺花瓶只是瑞典古斯塔夫斯伯格陶瓷公司（Gustavsberg）从1942年开始，一直到50年代末推出的彩陶系列中的150个模型之一。彩陶系列产品以手工上色，采用了丰富的颜色和图案，既有几何图形，也有抽象的自然主题。彩陶系列产品最初由古斯塔夫斯伯格陶瓷公司的艺术总监威廉·科格（Wilhelm Kåge）设计，1937年由年仅20岁，刚从艺术学校毕业的天才设计师林德伯格接手。林德伯格在1949年成为该公司的艺术总监。

FLAG HALYARD CHAIR
旗绳椅
汉斯 · 瓦格纳（Hans Wegner）

1950

这款旗绳椅首版是白色的，在投入量产的时候，瓦格纳选择了橄榄绿框架搭配鲜艳的橙色头枕。深色的框架提升了整个设计的稳定感，并将底座与坐垫分离开来。这位丹麦设计师在海滩跟孩子一起玩耍时灵感迸发，在沙子中挖出了一个可以坐下的坑。他惊讶地发现这个沙坑的形状让人坐起来非常舒适，于是用旗绳编织出了同样的基础形状（椅子也因此得名）。这款别具一格的椅子最初由过去生产传统床垫的制造商格塔玛家具公司（Getama）生产，名为 GE225，如今则由 PP Møbler 公司以 PP225 系列重新推出，有白色框架和天然绳座，或全黑色的产品可供选择。

GEOMETRIC RUG
几何图案挂毯

安东宁·基鲍尔（Antonín Kybal）

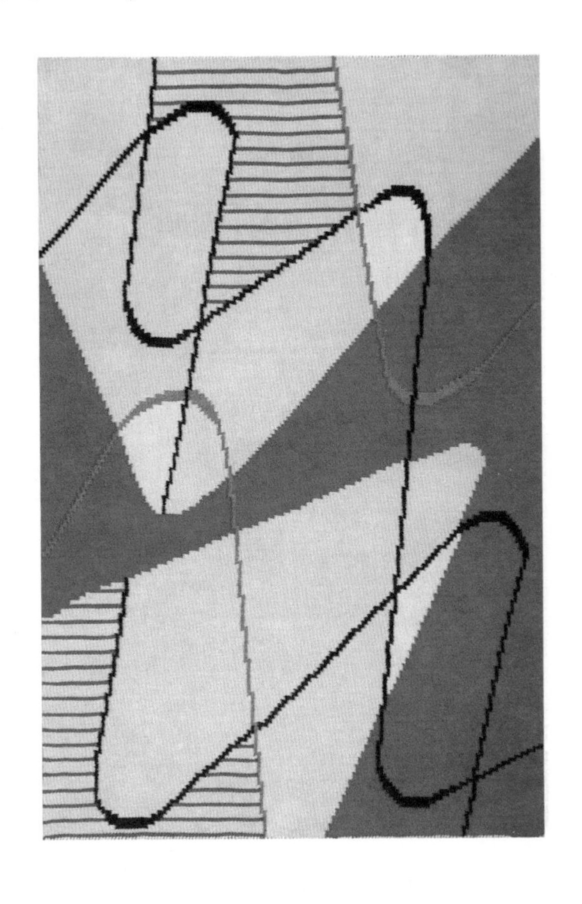

约1950 

这款地毯是采用了细腻的正弦线条和分层形状设计，同时还有带肉粉色亮点的蓝色系挂毯，这种设计和配色都是基鲍尔 20 世纪 50 年代作品的显著特征。其间，他喜欢的这种曲线设计标志着他已经从早年受包豪斯影响的风格中脱离出来。这位来自捷克斯洛伐克（欧洲中部旧国名，1993 年解体）的织物设计领域的先驱为位于布拉格的总统府和作为斯大林 70 岁诞辰贺礼的火车车厢内饰创作了大型挂毯。现在，我们还可以在伦敦的维多利亚与艾尔伯特博物馆（Victoria & Albert Museum）以及布拉格的装饰艺术博物馆（Museum of Decorative Arts）欣赏到基鲍尔的作品。

MOULDED FIBREGLASS CHAIRS
伊姆斯椅

伊姆斯夫妇（Charles & Ray Eames）

1950—1953 伊姆斯椅以丰富多样的颜色和结构各异的底座，为广阔的市场带来了设计民主化，开启了一个讲究设计性价比的现代化时代。伊姆斯椅也被称为“伊姆斯玻璃纤维椅”，备受用户欢迎，伊姆斯夫妇在自己家里和事务所中也使用了多种不同款式的伊姆斯椅。

伊姆斯椅是伊姆斯夫妇在二战期间对有机座椅的研究部分成果，当时他们开发了多种产品，包括腿托和滑翔训练机零件。尽管整体形式可能遵循一脉相承的设计思路，但其最终呈现的外观和所采用的材料却截然不同。椅子的外壳设计分别为侧椅和扶手椅的形式，并为其配备了不同的底座，包括多种餐椅、矮躺椅、连接式礼堂座椅，甚至还有摇椅。

伊姆斯椅的色系同样丰富。伊姆斯夫妇花费了大量时间混合颜料，研发出一系列独特的色调，如象皮灰（查尔斯 · 伊姆斯称之为“有

感觉的黑色”）、海泡绿和海豹棕等。在那个追求标准化的时代，包含 27 种颜色的系列产品让消费者在家居或工作环境中选择座椅时有了极大的自由，更能展现个性。

该系列椅子采用的材料和制造方法意外地赋予了每种产品备受欢迎的独特性。其制造商——赫尔曼·米勒公司使用了玻璃纤维增强的聚酯树脂，这种材料能够随机吸收颜色的特性造就了产品深受人们喜爱的个体差异。

出于环保的考虑，伊姆斯椅于 1993 年停产，但五年后，维特拉家具公司用可回收的聚丙烯作为原料重新推出。遗憾的是，这种环保的椅子失去了原来材料的有机质感。最终，赫尔曼·米勒公司于 2013 年推出了一个新的玻璃纤维版本，采用环保的生物树脂制成，并推出了许多早期的颜色供消费者选择。

ANTELOPE CHAIR
羚羊椅

欧内斯特·雷斯（Ernest Race）

1951

雷斯受委托为 1951 年英国艺术节设计户外家具，设计了羚羊椅，同时还包括双人羚羊长椅、可堆叠的斑羚椅，以及瞪羚桌。羚羊椅和双人羚羊长椅采用了少量弯曲的钢杆，配以铸铝球形脚和彩绘的模塑胶合板座面，颜色与节日主题相呼应，包括黄色、红色、蓝色和灰色。在艺术节上 850 万名游客的一致好评声中，这款椅子顺利投入批量商业化生产，并在 1954 年的米兰三年展上荣获银奖。羚羊椅和双人羚羊长椅于 2011 年由雷斯家具公司（Race Furniture）再次出售。

BIRD CHAIR

鸟椅

哈里·贝尔托亚（Harry Bertoia）

1950—1952

这款造型独特的鸟椅是意大利艺术家、设计师和雕塑家哈里·贝尔托亚创作的五件金属线家具之一。鸟椅系列是贝尔托亚为诺尔家具公司开发的，延续了他在伊姆斯事务所工作时的金属线椅（Wire Chair）的设计概念，但采用了更具雕塑感的设计方式。20 世纪 40 年代末，贝尔托亚在海军实验室学习人体工程学，因此他能够在保证精致视觉形态的基础上，提供令人惊喜的舒适感。在描述鸟椅产品的时候，他说它们“主要由空气构成”[3]，在为其添加了黄色、红色、蓝色和绿色的薄坐垫后，这款椅子就成了多彩的抽象体量。

CALYX FABRIC
CALYX织物图案

卢西安 · 戴（Lucienne Day）

1951

Calyx 织物图案是英国室内设计商店 Heal's 在 20 世纪 50 年代和 60 年代期间委托卢西安 · 戴创作的一系列抽象植物和几何图案之一。它首次亮相于 1951 年英国艺术节的展览，在家居与花园馆的家庭娱乐区入口处展出。之后，Calyx 织物图案迅速在国际上获得成功，并于同年荣获米兰三年展金奖，随后又获得了美国室内装饰师协会（American Institute of Decorators）的国际设计奖。原版的 Calyx 织物图案以未开放的花蕾外壳命名，采用丝网印刷技术，在橄榄色的亚麻背景上印制了黄色、橙色、黑色和白色的图案。

LADY ARMCHAIR
女士扶手椅

马尔科 · 扎努索（Marco Zanuso）

1951

作为 1951 年第 9 届米兰三年展的金奖作品，女士扶手椅是扎努索最杰出的家具设计之一，它采用了倍耐力旗下的阿尔弗莱克斯公司研发的实验性聚氨酯泡沫材料。这款具有永恒魅力的有机形状椅子最为人熟知的是其鲜亮的红色羊毛面料，而后推出的芥末黄、皇家蓝和森林绿等颜色也大受欢迎。早期版本的女士扶手椅采用木质框架，后来改为压制金属，并配有木质扶手，上覆不同密度的泡沫和面料，之后又推出了双人沙发版本。女士扶手椅是扎努索的几款重要家具作品之一，于 2015 年由卡西纳家具公司重新推出。

T-5-G TABLE LAMP

T-5-G台灯

莱斯特 · 吉斯（Lester Geis）

1951

1951 年，美国建筑师兼照明设备销售员莱斯特 · 吉斯设计的这款台灯在纽约现代艺术博物馆举办的“新灯具”低成本照明比赛中获得了荣誉提名。它由互锁的铝质灯罩组成，灯罩采用了 20 世纪 50 年代流行的黄色和灰色相间的涂装，底座则由弯曲成 90 度角的黄铜杆构成。这款台灯的灯罩可调节角度，可以直接聚光照明，也可展开进行整体照明，还可以翻转作为向上的射灯使用。吉斯设计的 T-5-G 台灯是比赛中被选中投入生产的十款台灯之一，由美国纽约的海菲兹制造公司（Heifetz Manufacturing Company）生产。

HANG-IT-ALL COAT RACK

“统统挂起来”衣帽架

伊姆斯夫妇（Charles & Ray Eames）

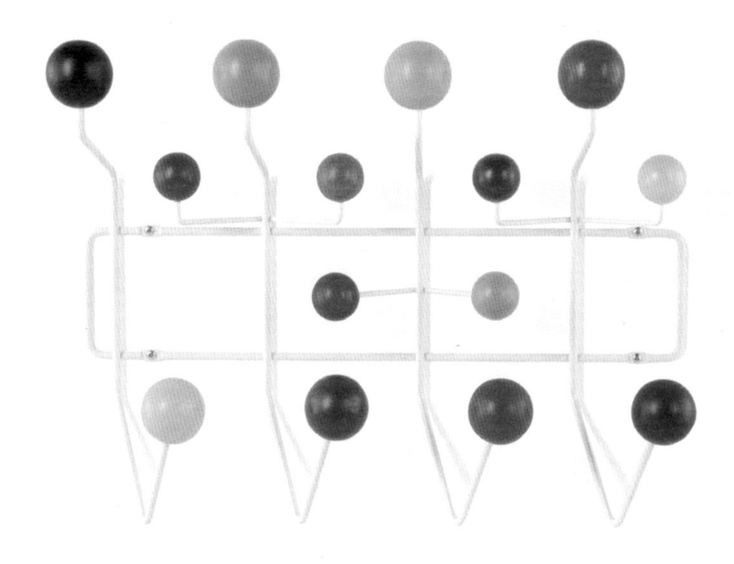

1953

这款彩色的漆面枫木球衣帽架，形状有点像分子模型，是伊姆斯夫妇在探索儿童玩具和儿童家具领域时设计出来的。就像他们之前设计的模块化建筑玩具一样，“统统挂起来”衣帽架是专为美国田纳西州的泰格雷特公司（Tigrett Enterprises）打造的。枫木球的配色和排布由蕾·伊姆斯亲自负责，她还设计了盒子、悬挂标签和广告的图案。这款衣帽架的金属框架采用了伊姆斯夫妇设计的 LTR 边桌（LTR Side Table）和金属线椅所使用的成熟技术。“统统挂起来”衣帽架在 1953—1961 年生产，1994 年由赫尔曼·米勒公司和维特拉家具公司重新推出，还推出了黑色和白色版本，搭配的是胡桃木球。

KRENIT BOWLS
克伦尼特碗

赫伯特 · 克伦切尔（Herbert Krenchel）

1953

这些碗内部闪耀着宝石般的光泽，配以亚光黑色的钢质外观，为20 世纪 50 年代人们的餐桌带来了强烈的视觉冲击。它们既具有出众的美观性，可以用来展示，又足够坚固，适合厨房使用，因此在 1954 年的米兰三年展上荣获金奖。最早的克伦尼特碗有八种型号，可堆叠放置，除了六种明亮的颜色外，还有黑色、白色和灰色可选。2008 年，克伦尼特碗重新上市，有五种纯色和两种金属色可供选择，包含五种型号。克伦尼特碗的名字“Krenit”源于设计师的姓氏“Krenchel”和他使用的塑造碗形的纤维水泥材料“Eternit”。

MARSHMALLOW SOFA
棉花糖沙发

欧文 · 哈珀（Irving Harper）

这款彩色的棉花糖沙发常被误认为是乔治 · 尼尔森的作品，实际上它是由纳尔逊事务所的首席设计师哈珀设计的。哈珀发明了一种自结皮发泡工艺（省去传统织物装饰的步骤，但直径只能达到 30 cm），只用了一个周末便设计出了这款沙发。但是在哈珀制作样品时，这种一步成型的垫子并没有按计划制成，最后还是不得不重新采用成本较高的传统方法。这款配色大胆的沙发在停产前只生产了约 200 张。最早的双人棉花糖沙发（共有 18 个垫子）于 1999 年由赫尔曼 · 米勒公司重新推出。

1954

P40 ARMCHAIR
P40扶手椅
奥斯瓦尔多·博尔萨尼（Osvaldo Borsani）

1955

P 代表“poltrona”（意为扶手椅），但这款椅子与以往或现在的任何扶手椅都截然不同。这款扶手椅是博尔萨尼为自己的公司 Tecno 设计的，拥有 486 种可调节的形态，还有橡胶涂层弹簧钢扶手，能够根据个人需求调整至最合适的状态，展现了设计师出色的技术能力和创新精神。虽然 P40 扶手椅有多种颜色可供选择，但红色似乎最能展现其法拉利跑车般的外观。P40 扶手椅的高度可调节性在其设计完成两年后成功地应用到博尔萨尼设计的另一款产品 L77 躺椅上。

MEZZADRO STOOL
佃农凳

卡斯蒂廖尼兄弟（Achille and Pier Giacomo Castiglioni）

1957

MEZZADRO（意大利语，意思是佃农）是卡斯蒂廖尼兄弟的一件现成品作品，于 1957 年在第 11 届米兰三年展上展出，并由扎诺塔公司（Zanotta）短暂发售。这款产品以独特的方式重新利用了日常物品。它的座面来自 20 世纪初的一台拖拉机，安装在钢制支架（经过镀铬处理并颠倒安装以增加弹性）上，同时增加了木制脚凳以增加稳定性。早期版本的座面有好几种颜色，如茜草红、拖拉机黄、拖拉机橙、维罗纳绿、靛蓝和沙色。不过从 1971 年开始正式投入生产后，该产品采用了较为传统的红色、黄色、黑色和白色。

COCONUT LOUNGE CHAIR
椰子躺椅

乔治 · 尼尔森联合事务所（George Nelson Associates）

1955

这款看起来像椰子壳的躺椅来自设计师乔治 · 穆尔豪泽（George Mulhauser）的创意。他在申请乔治 · 尼尔森纽约设计事务所的工作时，将这个设计的早期版本作为自己的作品之一展示了出来。椰子躺椅的外壳最初由钢板制成，直到 1963 年改用了玻璃纤维材料，但始终只有白色一款。后来这款产品由赫尔曼 · 米勒公司生产，从 1988 年起由维特拉家具公司生产，有多种面料可供选择，包括纳加海德乙烯基和近年来流行的皮革材质。不过，许多早期的样品采用了亚历山大 · 吉拉德（Alexander Girard）设计的色彩鲜艳的席纹呢面料，最好地传达了穆尔豪泽设计概念中的热带情调。

SELLA STOOL

鞍座凳

卡斯蒂廖尼兄弟（Achille and Pier Giacomo Castiglioni）

1957

鞍座凳的凳腿之所以只有一种颜色可选，是有原因的。它采用皮质自行车座椅，暗示意大利版“环法自行车赛”，即“环意自行车赛”。在这项赛事中，总成绩第一的选手会穿上粉色领骑衫。对一个静态的产品来说，这样的设计颇为讽刺，但卡斯蒂廖尼兄弟的设计作品总是充满了无害的幽默感。鞍座凳的鞍座连接在可调节的凳腿上，凳腿则连接着带有橡胶涂层的铸铁摇摆底座。这款产品是设计师对日常物品的再利用。这种体现了达达主义精神的“组合”产品直到 1983 年才投入生产，实际上它非常符合人体工程学原理。

KREMLIN BELLS DECANTER
克里姆林钟形水瓶

卡伊 · 弗兰克（Kaj Franck）

1957

这款产品以迷人的形状和微妙的色彩点缀——如橘红、碧蓝、紫罗兰、墨蓝和红宝石红，超越了其作为水瓶的功能性用途，呈现出令人惊叹的雕塑艺术品质。它在 1957 年的米兰三年展上首次亮相，但直到五年后才由芬兰的 Nuutajärvi Notsjö 玻璃公司正式投入生产。顾客可以根据个人喜好选择瓶子上部的装饰和瓶塞的颜色。与那个时期的许多产品一样，它最初只以型号命名（KF1500），后来随着受欢迎程度的增加而获得了现在的名字，这个名字暗指莫斯科克里姆林宫钟楼的球状屋顶，令人印象深刻。

EGG CHAIR
蛋椅

安恩 · 雅各布森（Arne Jacobsen）

1958

蛋椅是雅各布森最有名的家具设计之一，加上同样有名的天鹅椅、水滴椅，实际上这些都属于同一个大型设计项目。1955 年，雅各布森受斯堪的纳维亚航空公司（SAS）委托，设计了一家地标性酒店，这是哥本哈根第一座摩天大楼，也是丹麦最高的建筑。雅各布森亲自设计了酒店的内部装饰，从灯具、门把手到钥匙一个不落。50 把蛋椅被放置在大堂，用柔和的绿松石色织物和皮革进行了装饰。自 1958 年起，蛋椅由弗里茨 · 汉森公司（Fritz Hansen）生产，采用手工缝制——每把椅子有 1200 个针脚，以贴合椅子椭圆形的曲线。

PH5 PENDANT LIGHT

PH5吊灯

波尔 · 亨宁森（Poul Henningsen）

1958

这款典型的20世纪50年代的作品是亨宁森多年研究的结晶，可以通过引导和过滤电光，营造柔和、均匀的照明效果。吊灯的形状源自亨宁森1924年设计的第一款PH灯，据说灵感来自叠放的杯子、茶托和碗。PH5吊灯在将近50年的时间里，一直只有蓝色、白色、紫色和红色的磨砂涂装产品发售，后来在2008年、2013年和2018年，由路易斯 · 波森灯具公司发布了新颜色的产品。最新的版本是为庆祝其诞生60周年，提供了八种配色方案，五层金属灯罩的色调呈现出微妙的变化。

LUTRARIO CHAIR

卢特拉里奥椅

卡罗·莫利诺（Carlo Mollino）

这把椅子是为都灵一个建在废弃的废品站上的舞厅设计的。它的首次亮相可谓光芒四射。莫利诺采用奇幻主题的森林仲夏夜狂欢场景改造了舞厅的室内空间。这位意大利设计师之前接受了企业家阿蒂利奥·卢特拉里奥（Attilio Lutrario）的委托，为其王者之舞俱乐部（Le Roi Dancing Club）做了室内装饰设计，同样的主题贯穿了家具、灯具和餐桌布艺的设计，同时以镜面门和水磨石地板加以强化。卢特拉里奥椅以俱乐部创始人的名字命名，使用一种名为 Resinflex 的类乙烯材料作为饰面，呈现出一系列迷人的色彩组合，包括深红、浅粉、鼠尾草绿和灰蓝。

1959

HEART CONE CHAIR
爱心甜筒椅

维纳尔 · 潘顿（Verner Panton）

1959

甜筒椅是丹麦设计师潘顿令人印象深刻的产品之一，源于他接到的第一个重要委托——改造他父亲的酒馆。在这个委托中，潘顿完成了从地毯到员工制服的所有产品的设计，配色以不同深浅的红色为主。他为酒馆设计的甜筒椅得到了极高的评价，于是他专门成立了名为 Plus-linje 的家具公司来生产。在该系列的早期产品中有一款爱心甜筒椅，其独特的心形靠背设计让坐着的人既可以采用传统坐姿，也可以侧着坐，还可以随意将手臂搭在 V 形凹槽上。这款非凡的设计产品于2004年由维特拉家具公司重新发布。

CARIMATE CHAIR
卡里马泰椅

维科 · 马吉斯特雷蒂（Vico Magistretti）

1959

卡里马泰椅是米兰设计师马吉斯特雷蒂的杰作。这位常穿鲜红色袜子的设计师在自己的作品中大胆地使用了鲜红色。这款椅子最初是为伦巴第的卡里马泰高尔夫俱乐部的餐厅设计的，传统藤编坐垫和彩色框架凸显了椅子朴素的外观。1963 年，卡西纳家具公司开始面向更广大的消费群体生产卡里马泰椅，之后取得了巨大的成功。卡里马泰椅（892 型）与其他 15 款产品组成了一个系列，在 20 世纪 60 年代，床、扶手椅、桌子和沙发等家具类型陆续加入，全部产品采用榉木制作，并配以明亮的红色、黑色或白色漆面框架。从 2001 年到 2009 年，这款椅子由德 · 帕多华室内用品公司（De Padova）生产。

亚历山大 · 吉拉德
Alexander Girard

亚历山大·吉拉德将建筑设计、织物设计、平面设计和家具设计的原则融合起来，展现了一种独特的设计理念，为20世纪中期的美国设计注入了新的活力。

吉拉德的童年是与母亲（美国血统）和父亲（法国与意大利血统）一起度过的。出生于纽约的他在佛罗伦萨长大，后毕业于伦敦和罗马的建筑学院。1932年，他颇有前瞻性地在纽约成立了自己的设计工作室。然而，他的人生转折点发生在底特律，在那里，他与查尔斯·伊姆斯偶然相遇（两人都曾为Detrola公司设计过收音机），后来结识了赫尔曼·米勒公司的设计总监乔治·尼尔森。

吉拉德有一种类似乌鸦喜爱收藏的本能，对民间艺术和文化手工艺品怀有强烈的收集和记录欲望。他广泛收集各种产品，从玩偶到艺术品，从面具到服装，无所不包。同时，他还整理了大量的参考材料，往往以颜色、图案和织物等主题对这些材料进行了分类。因此，当乔治·尼尔森于1952年任命他为公司纺织品部门负责人时，吉拉德已经拥有了丰富的个人图像素材和创意库。

正如赫尔曼·米勒家居公司当时的负责人休·德·普里（Hugh De Pree）所指出的，吉拉德的设计充满了欢乐和趣味性："他教会我们，生意应该是有趣的[4]，生活品质的一部分就是喜悦、激动和庆祝。"吉拉德自己也将他对民间艺术的迷恋视为找回童真的一种方式。

吉拉德开创性地设计了一些织物图案，如阿拉伯图案（Arabesque）、米勒条纹（Millerstripe）、四叶草（Quatrefoil）和帕里奥（Palio）等，其中许多至今仍然是赫尔曼·米勒公司［后来是马哈拉姆纺织品公司（Maharam）］收藏的一部分。这些织物图案与他颠覆性的平面设计作品，再加上伊姆斯夫妇等现代主义家具设计师的优秀设计，一同引领了赫尔曼·米勒这个品牌的审美方向。

在构思和执行全面戏剧体验方面，吉拉德具有超前的眼光。1960年，他设计了纽约时代生活大厦的太阳之屋墨西哥主题餐厅（La Fonda del Sol Mexican Restaurant）。这是一件完整的艺术作品：从壁画到火柴盒，从包厢织物到以砖块围合的吧台，吉拉德在各个方面都展现了他的创造力。同时，他还展示了来自墨西哥和秘鲁的民间艺术藏品，提炼了拉丁美洲文化的精髓。

无论是在1964年为农业机械制造商约翰迪尔公司（John Deere Company）设计的长达55 m的立体壁画，还是在一年后为美国布兰尼夫国际航空公司（Braniff International Airways）进行的全面品牌重塑，我们都可以从中看出，色彩和图案是吉拉德的标志性特征。

在布兰尼夫国际航空公司品牌重塑项目中，吉拉德在飞机内饰设计中大显身手。他精心设计了七种色彩方案，选用了56种不同的实色、格子和条纹图案织物，并引入了红色、猩红色和朱红色等醒目的色彩。机身采用了七种不同的颜色，意大利设计师埃米利奥·普奇（Emilio Pucci）也积极响应了这个大胆的创意，设计出了多色图案的制服和未来主义风格的塑料帽子，以保护在飞机跑道上的工作人员的发型。

布兰尼夫国际航空公司为这次改造发布的广告片充满了那个时代的幽默感。广告中说："我们没有一处不改造。对机票和售票处都进行了重新设计，餐具和家具都焕然一新，飞机上使用的信纸换了新装，乘客休息室得到了改造，咖啡专用糖的包装也更加精美，甚至洗手间里的卫生纸也换了样子。在不到六个月的时间里，吉拉德和普奇完成了17 543项改造。我们打造了世界上最美好的航空体验。"[5]而这一切都是通过令人感到喜悦的色彩创造出来的。

从右上角起顺时针：

织物图案帕里奥，为赫尔曼·米勒公司设计，1964 年，马哈拉姆纺织品公司于 2012 年重新推出

色轮脚凳（Colour Wheel Ottoman），搭配吉拉德设计的雅各布斯外套织物图案（Jacobs Coat），1967 年，赫尔曼·米勒公司于 2014 年重新推出

盘子系列，为乔治·詹森公司（Georg Jensen）设计，1955 年

十字纹印花亚麻织物，为赫尔曼·米勒公司设计，1957 年

布兰尼夫国际航空公司休息室扶手椅，1965 年，赫尔曼·米勒公司于 1967 年重新推出

对页：

亚历山大·吉拉德在美国密歇根州格罗斯角的工作室，1948 年，查尔斯·伊姆斯拍摄

PINS
SCOTCH Photographic Tape No. 235
ADJUSTABLE STENCILS

ALEXANDER GIRARD
亚历山大·吉拉德

木娃娃 WOODEN DOLLS（1960—1965）

吉拉德受到了在旅行中收集的各种各样的娃娃和文化用品的启发，他用手工雕刻并绘制的人物形象在仪式感和玩具属性之间取得了完美的平衡。吉拉德出于个人喜好制作了这些娃娃，并将它们用作他在圣塔菲家中的装饰，也可能他还想在纽约的赫尔曼·米勒纺织品商店中将它们跟他设计的织物一起展出。木娃娃的高度从 14 cm 到 27 cm 不等，卡通的形态自由地借鉴了不同时代和文化的特征，当然也与吉拉德自己丰富的想象力有关。木娃娃于 2006 年由瑞士顶级家具公司维特拉发布，这个系列至今已经推出了 30 款产品。

TULIP CHAIRS
郁金香椅

皮埃尔·保兰（Pierre Paulin）

1960—1965 这个由小郁金香（F163）、中郁金香（F549）和大郁金香（F545）三个型号的椅子组成的系列是保兰在20世纪60年代设计的，但采用传统胶合板、泡沫和织物的构造方式说明他仍然深受50年代设计风格的影响。不久之后，这位法国设计师在材料和形式的选择上变得更加具有实验性。细腻的花朵造型本身就非常适合使用纯色，如粉色、紫色、红色、黄色和橙色，而精美的十字形底座则进一步增加了椅子的美感。盘形底座的可旋转版本是设计师后来设计的，更像是60年代的风格，但相对来说显得不够精致。

ORANGE SLICE (F437) ARMCHAIR

橙片扶手椅(F437型)

皮埃尔 · 保兰（Pierre Paulin）

1960

这款作品的标志性装饰颜色选择了红色、橙色和黄色，一方面是因为它的形状和名字，另一方面也因为它常常给人带来阳光明媚的感觉。橙片扶手椅由两个相同的模塑胶合板外壳制成，外覆泡沫和布料，精心设计的座位角度极大地提升了扶手椅的舒适性。直到今天，这款扶手椅仍然是荷兰著名家具品牌阿尔帝弗特（Artifort）的畅销产品。该品牌近年来还提供了丰富的底座选择，包括 43 种彩色以及黑色、白色和原始的铬色。橙片扶手椅有两种高度，还有一款为儿童设计的缩小版橙片扶手椅。保兰还为这款椅子设计了配套的脚凳（F437）。

TRIANGLE PATTERN BOWL AND VASE
三角形图案碗与花瓶

阿尔多 · 隆迪（Aldo Londi）

这些产品以黄色、绿色、白色和黑色的三角形图案为设计元素，表面带有纹理，给人一种柔和的戏剧效果，更加贴合 20 世纪 50 年代而非 60 年代的风格。设计师隆迪从 1922 年开始进入陶瓷行业，当时他只有 11 岁。到 40 年代后期，他成为意大利比托西公司（Bitossi）的创意总监，并在这个职位上工作了 50 多年。在此期间，他为公司设计了 1000 多件产品，有动物雕像、烟灰缸、水罐、花瓶等，其中包括分别在 2006 年和 2017 年限量 199 份重新推出的“1377 带盖碗”和“1948 高花瓶”。

1960 

GLOVE CABINET
手套收纳柜

芬 · 居尔（Finn Juhl）

1961

这款手套收纳柜是居尔为妻子汉娜 · 威廉 · 汉森（Hanne Wilhelm Hansen）设计的。分成两半的柜子以垂直的铰链连接，渐变的暖色调抽屉与冷色调抽屉形成了对比。居尔巧妙地用新月形的凹口代替抽屉拉手，这是他的标志性设计。抽屉的前门板看起来像彩色的横条纹织物，十分迷人。该设计首次亮相于 1961 年的“柜匠行业协会展览”。这种渐变色的抽屉设计最早出现在 1955 年居尔为博威尔科公司（Bovirke）设计的边柜中。这款手套收纳柜自 2015 年起由芬 · 居尔家具公司（House of Finn Juhl）生产，采用上过油的日本樱桃木，配合鸡翅木把手、黄铜铰链和脚轮。

CORONA (EJ5) CHAIR
日冕椅(EJ5型)

波尔·沃尔德（Poul Volther）

1961—1964

日冕椅主要由四个椭圆形部分组成，外面通常用红色的皮革或织物包裹装饰，其外观颇为张扬，但它并没有一炮走红。这款椅子的灵感来自采用延时摄影拍摄的日食景象中火红太阳的轮廓，在设计时也充分考虑了人体工程学。最早的日冕椅采用了传统的四腿木质底座支撑，而现在标志性的版本则配备了可旋转的弹簧钢底座，于 1964 年由丹麦艾瑞克·约根森公司（Erik Jørgensen）推出，但公众反响平平。直到 1997 年，日冕椅才终于得到认可，成为设计经典。如今它是该公司最畅销的产品，每年销量超过 3000 把。

GULVVASE BOTTLES
落地花瓶

奥托 · 布劳尔（Otto Brauer）

1962

这款落地花瓶由丹麦卡斯特鲁普 · 霍尔莫加德公司（Kastrup Holmegaard）旗下的费因斯玻璃厂（Fyens Glasværk）的吹制玻璃工艺师奥托 · 布劳尔制作，最初用深蓝色、琥珀色、烟灰色和深绿色的透明玻璃生产。落地花瓶是在霍尔莫加德公司玻璃制品设计师波 · 卢肯（Per Lütken）于 1958 年设计的瓶形花瓶基础上做出的变体。落地花瓶在 1962—1980 年生产，主要有五种尺寸和四种颜色，在 20 世纪 60 年代末又推出更吸引人眼球的颜色，如绿松石绿、红、黄和苹果绿，并采用双色夹层设计，在白色玻璃的外侧覆盖一层有颜色的玻璃。

CUBO (TS502) RADIO

方盒子收音机(TS502型)

马尔科·扎努索、理查德·萨珀（Marco Zanuso and Richard Sapper）

1962 

1964 年，意大利布莱维加电器公司（Brionvega）推出了名为“方盒子”的便携式收音机，以橙、黄、黑、白四种颜色面世，取得了巨大的成功。方盒子收音机形如骰子，圆润的外壳极具未来主义风格，可以像有光泽的贝壳一样打开，内部是黑色亚光的扬声器、调谐器和音量控制器（配以超大的旋钮），与外壳形成鲜明的对比。最广为人知的橙色版本将很多部件都压缩进小巧的方盒子中（基本上是两个棱长 13 cm 的立方体），包括 AM 和 FM 收音设备、可伸缩的天线，在开合立方体时具有自动开关的功能。TS522 是布莱维加电器公司进行技术升级后的版本，目前仍在销售。

MODEL 4801 ARMCHAIR
4801型扶手椅
乔·科伦坡（Joe Colombo）

1963—1964 科伦坡以其塑料材料作品而闻名，他在工作室成立一年后设计了这款扶手椅，而当时他对塑料材料的研究还处于初级阶段。4801型扶手椅仅由三个部分组成，不需要固定件或胶水即可组装在一起，由意大利专业塑料家具公司卡特尔公司用模压胶合板制造而成（这是该公司唯一的全木质产品）。起初 4801 型扶手椅模型以蜡木胶合板制成，而生产版本则分别用橙色、绿色、白色及黑色的油漆对表面进行喷镀，通过控制喷涂的厚度达到类似塑料的质感。直到 2011 年，卡特尔公司才重新推出了以 PMMA（一种热塑性塑料）制作的版本。

BALL CHAIR
球椅
艾洛·阿尼奥（Eero Aarnio）

1963

这款设计曾在20世纪60年代播出的电视剧《六号特殊犯人》（*The Prisoner*）中亮相，也曾出现在一些知名电影中，如《年少轻狂》（*Dazed and Confused*）、《火星人玩转地球》（*Mars Attacks*）和《冲破黑暗谷》（*Tommy*），至今仍然是充满嘲讽的未来主义的象征。球椅于1966年首次出现在科隆家具展上，芬兰设计师和玻璃纤维先驱阿尼奥因此从无名小卒一夜之间成了举世闻名的设计师。球椅最初由芬兰拉赫蒂的Asko Oy家具公司生产，然后在70年代由德国阿德尔塔家具公司（Adelta）制造，内部采用红色、橙色或黑色的羊毛，外部为玻璃纤维材料，搭配白色的铝合金旋转底座。阿尼奥以其对塑料材料技术不同寻常的应用探索而闻名于世。

USM HALLER STORAGE
USM哈勒储物系统

弗里茨 · 哈勒（Fritz Haller），保罗 · 夏雷尔（Paul Schärer）

1963

建筑师弗里茨 · 哈勒和瑞士模块化家具公司 USM 的所有人保罗 · 夏雷尔共同开发了一个模块化家具储物系统，包括储物柜、书架、移动推车和桌子，让办公家具变得色彩斑斓。这个多功能模块化系统采用镀铬钢框架，角部采用独特的球形接头结构连接，并配备粉末涂层钢板。这套储物系统最初只是为 USM 工厂办公室设计的，但后来哈勒的建筑作品在国际上声名鹊起，引发了消费者对这一色彩鲜艳的储物系列的需求，也因此促使其在 1969 年投入生产。最初推出的颜色有绿色、黄色、蓝色、黑色和白色，目前共有 14 种颜色可供选择。

NESSO TABLE LAMP

涅索台灯

贾恩卡洛·马蒂奥利（Giancarlo Mattioli），
新城市建筑设计集团（Gruppo Architetti Urbanisti Città Nuova）

1965

马蒂奥利设计的造型大胆的涅索台灯在米兰三年展举办的阿尔泰米德 / 多莫斯工作室（Studio Artemide/Domus）竞赛中获得了一等奖。早期版本的涅索台灯采用玻璃纤维遮光罩和 ABS 塑料底座，但在 1967 年阿尔泰米德灯具公司（Artemide）发售这款产品的时候，则采用了全部 ABS 材质，并有橙色、紫色和白色可选。像许多早期阿尔泰米德灯具公司推出的产品一样，这款台灯的名字“涅索”（Nesso）也源自希腊神话，是指著名的半人马涅索斯（Nessus）。涅索台灯的遮光罩直径 54 cm，内有四个灯泡，能均匀地、大面积地分散光线，从而产生柔和、均匀的光晕。虽然台灯整体采用的是同一种材料，但仍保持着由两部分组成的设计，整体表达出的效果是连续的，形态像一个彩色的喷泉。

LOCUS SOLUS SUNLOUNGER
孤独之地太阳躺椅

盖·奥兰蒂（Gae Aulenti）

1964

这款造型大胆、独特的户外家具采用了醒目的黄色、橙色、绿色、蓝色或白色的管状框架，配合靶盘花纹面料，在众多同类产品中脱颖而出。这款太阳躺椅及其所属的户外家具系列产品带有明显的波普艺术风格。*Locus solus* 是拉丁语，意为孤独之地。设计师奥兰蒂认为其鲜艳的颜色能够与户外环境自然契合。该系列产品最初由意大利波尔特罗家具公司（Poltronova）生产并发售，其中一些产品在 1977 年由意大利扎诺塔公司重新推出。2016 年，另一家意大利家具公司埃克斯特塔（Exteta）重新推出了整套太

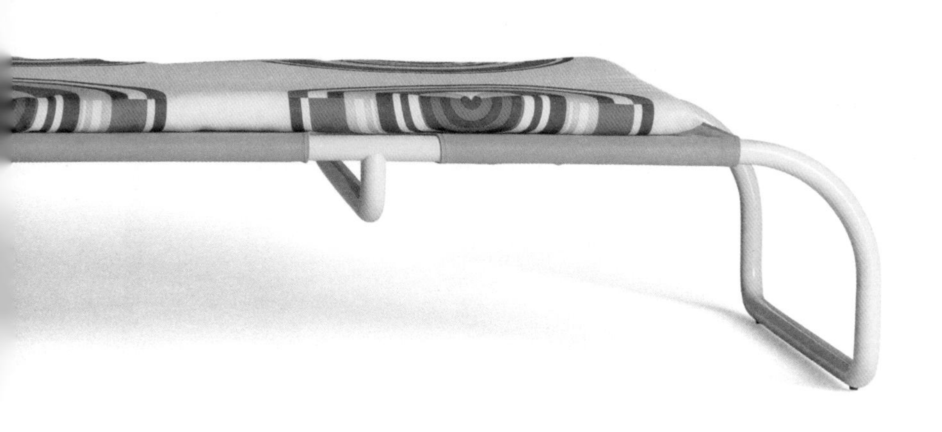

阳躺椅、落地灯、边桌、餐桌、餐椅、扶手椅和情侣座椅，还包括原来的多彩靶心图案的坐垫。

BOFINGER CHAIR
邦芬格椅

赫尔穆特·贝兹纳（Helmut Bätzner）

1964—1965 这款椅子最初被称为 BA1171，后来以参与开发和制造的邦芬格公司（Bofinger）命名。它和很多早期的塑料椅子有所不同，并没有采用彩色漆面，而是通过给材料彻底染色为消费者提供黄色、红色、蓝色、绿色、棕色、橙色、黑色和白色多种选择。邦芬格椅起初是作为德国卡尔斯鲁厄剧院（该项目由贝兹纳的建筑事务所负责）的附加座位而设计的，很可能是世界上首款投入大规模生产的一体式塑料椅。该椅拿取轻便、可以堆叠、占地少并且防水，制作一把只需 5 分钟，从 1966 年到 1969 年共计生产超过 12 万把。

UNIKKO TEXTILE
罂粟花图案织物

梅嘉 · 伊索拉（Maija Isola）

1964 

标志性的罂粟花图案源于一次抗议。当时芬兰麻里梅科纺织公司（Marimekko）要求其设计师在使用鲜艳色彩方面有所突破，并不允许使用花卉图案，但当时该公司最资深的设计师之一梅嘉·伊索拉却不想在设计的时候被人指手画脚。她设计的罂粟花图案经久不衰，已被应用在无数产品上，从印花棉布服装、窗帘和床上用品，到茶壶、马克杯和雨伞等产品，甚至芬兰航空有一架飞机的机身上也印着这个图案（海蓝色与黄色的搭配）。虽然最受欢迎的配色一直是最初的亮粉色和红色，但麻里梅科纺织公司现在提供了 80 多种配色方案。

DJINN LOUNGE CHAIR
精灵躺椅

奥利维耶·穆尔格（Olivier Mourgue）

1964—1965

在斯坦利·库布里克（Stanley Kubrick）1968 年的电影《2001 太空漫游》（*2001: 1965 A Space Odyssey*）中，未来呈现出绚丽的紫红色，展示了一组色调大胆的精灵躺椅。尽管这款椅子在电影中有着重要的“戏份”，并展现出属于 20 世纪 60 年代的未来主义概念，但它最初的名字听起来却非常传统——炉边矮椅（Low Fireside Chair）。“Djinn”这个后来的名字可能源自法语中的“精灵”。作为穆尔格为法国太空时代家具公司（Airborne International）设计的系列产品之一，这款椅子从 1965 年至 1976 年一直在生产，使用了钢管、黄麻绳带、泡沫和织物等材料，并提供多种颜色选择。该系列产品还包括一款躺椅、双人沙发和脚凳，所有产品都采用了相同的波浪式设计。

ALLUNAGGIO GARDEN CHAIR
登月花园椅

卡斯蒂廖尼兄弟（Achille & Pier Giacomo Castiglioni）

1965

登月花园椅像月球着陆舱一样(Allunaggio 在意大利语中意为“登月”），灵感源于全世界对登月旅行的痴迷，这种痴迷在四年后的“阿波罗 11 号”成功登月时达到了顶峰。这款椅子由意大利扎诺塔公司生产，仅有一种草绿色，其设计灵感源自拖拉机座椅的简化形式，更适合供人们临时欣赏大自然之用，而非长时间的休息或阅读。其三脚架底座的三个脚间距异常宽阔，可以尽量减少其阴影对草坪或椅子下方植物的影响。

DALÙ TABLE LAMP

DALÙ台灯

维科 · 马吉斯特雷蒂（Vico Magistretti）

1966

一个中空的球体，以 60 度角切割并重构，形成了既是灯罩又是底座的形状——意大利建筑师兼设计师马吉斯特雷蒂有着将家居产品简化为核心元素的独特能力。虽然 Dalù 台灯与他同年设计的日食台灯（第 87 页）相比，缺少了机械的灵活性，但它的简约之美在于其外形——两个聚碳酸酯材料部件通过注塑塑料无缝融合。该灯由阿尔泰米德灯具公司在 1966 年至 1980 年生产，有三种不透明颜色——红色、黑色和白色，并在 2005 年以不透明黑色和白色以及半透明红色和橙色重新推出。

RIBBON (F582) CHAIR
丝带椅（F582型）

皮埃尔 · 保兰（Pierre Paulin）

1966

这款椅子与莫比乌斯环有着明显的联系，它以连续的姿态扭曲形成靠背、扶手和座面，形成了极具雕塑感的造型（保兰于 20 世纪 50 年代在巴黎学习过石雕和黏土建模）。丝带椅的主结构由钢管制成，内部交错着弹簧，外部包覆着泡沫。“丝带”两端延伸至涂漆的木质底座，有银灰色、红色、黑色和白色可选。丝带椅由荷兰家具品牌阿尔帝弗特生产，他们推荐使用妮娜 · 古柏（Nina Koppel）在 20 世纪 70 年代为克瓦德拉特公司（Kvadrat）设计的 Tonus 面料。这种面料能够完美贴合椅子复杂的造型，不会产生皱褶。丝带椅通常以大红色、皇家蓝或紫色等鲜亮的纯色进行装饰，不过实际上 Tonus 面料共有 47 种颜色可选。

MODO 290 CHAIR
290型悬臂椅

斯滕 · 厄斯特高（Steen Østergaard）

1966

在打造这把世界首款单工序注塑椅的过程中，厄斯特高创造了一种真正适合大规模生产的设计——这是维纳尔 · 潘顿在开发他的 S 形悬臂椅（S-chair）时未能完成的任务。290 型悬臂椅由增强聚酰胺制成，具有极好的堆叠能力（最多可以堆叠 25 把，可以用储物车移动）。该款产品最初由丹麦 Cado 家具公司生产，有红色、白色、蓝色、绿色、棕色和米色可供选择，2012 年由 Nielaus 公司重新推出时，保留了类似的颜色选择，还增加了鲜艳的黄色。291 型（于 1969 年开发）是 290 型的扶手椅版本，曾出现在 1977 年的 007 系列电影《海底城》（*The Spy Who Loved Me*）中。

BOLLE VASES
气泡花瓶

塔比奥 · 威卡拉（Tapio Wirkkala）

1966

这些精美的花瓶是芬兰设计师塔比奥 · 威卡拉的作品。花瓶采用了 incalmo 技术，即将两种玻璃元素分别吹制，然后通过加热融合在一起。它们以优雅的灰褐色为基调，每款花瓶都以另一种半透明的颜色来平衡，除了最高的一款——它结合了三种色调：紫色、黄色和绿色。气泡花瓶由位于意大利威尼斯岛莫拉诺的维尼尼玻璃制品公司（ Venini ）制作，瓶壁非常薄，瓶底还呈现出有趣的圆锥形状。

PRATONE LOUNGE CHAIR
草坪休闲椅

乔治・切雷蒂，彼得罗・德罗西，里卡尔多・罗索
（Giorgio Ceretti, Pietro Derossi and Riccardo Rosso）

1966—1970　当小草的叶片被放大 100 倍并被构想成座椅时，就再也不会给人以绿色草坪的感觉了。草坪休闲椅是由三位激进的意大利设计师为意大利皮埃蒙特的古夫拉姆家具公司（Gufram）设计的，他们希望让人体验一下坐在这些 1 m 高的柔软的聚氨酯泡沫“叶片”上那种不确定的感受。这些“叶片”外部使用了 Guflac® 材料——这是由古夫拉姆家具公司特别开发的类皮革涂层饰面。这款设计曾在 1972 年著名的“意大利：家居新景观”展览中亮相于纽约现代艺术博物馆。2016 年，白色的北欧草坪休闲椅限量版推出，总共生产了 20 件。

GAIA ARMCHAIR
盖亚扶手椅

卡洛·巴尔托利（Carlo Bartoli）

1966

盖亚扶手椅是最早的完全由玻璃纤维增强的环氧树脂制成的扶手椅之一，其造型基于圆角的立方体，拥有轻柔的弧线形边壁。这款椅子由阿尔弗莱克斯公司于 1967 年制造，颜色使用非常大胆，包括红色、黄色、英国绿色、白色和黑色，后来还推出了配有能够贴合其轮廓的皮质坐垫和背垫的版本。现在，盖亚扶手椅已被纽约现代艺术博物馆永久收藏。这款椅子在设计中采用浅拱形增加结构强度，为巴尔托利后来给卡特尔家具公司设计的极为成功的 4875 餐椅（该餐椅是首款采用注塑聚丙烯座面的椅子）铺平了道路。

KARELIA LOUNGE CHAIR
卡累利阿休闲椅

利西 · 贝克曼（Liisi Beckmann）

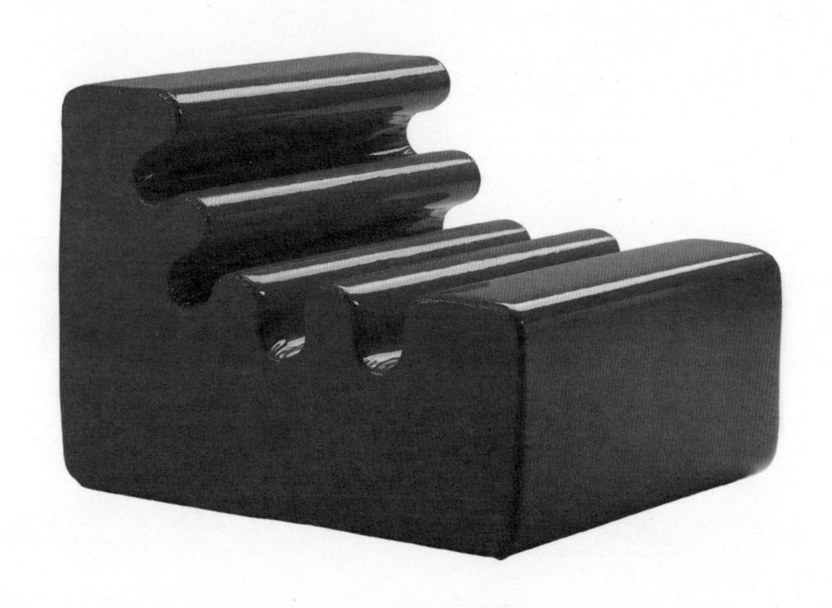

1966

卡累利阿休闲椅造型独特，夸张的“肋骨”造型极具雕塑感，再加上闪亮的外观，给人一种坐着不太舒服的坚硬的感觉。但是这款休闲椅的材料拥有聚氨酯分子结构，实际上是非常舒适的。休闲椅以设计师的出生地卡累利阿共和国命名，早期推出了多种颜色供消费者选择，包括不太常见的淡紫色和较为常见的红色、黄色、橙色、绿色、白色和黑色。所有产品都采用乙烯基材料制成。2007 年，原制造商扎诺塔公司重新推出了这款椅子，并推出了一系列皮革版本。人们可以将多把卡累利阿休闲椅摆在一起，组成一个没有扶手的沙发。

ECLISSE TABLE LAMP

日食台灯

维科 · 马吉斯特雷蒂（Vico Magistretti）

1966

意大利设计师维科 · 马吉斯特雷蒂在设计初稿中展示的就是这款台灯的红色版本，似乎红色最能表达设计个性。只有 18 cm 高的日食台灯似乎在努力争取人们的关注，但不可否认，它确实是 20 世纪标志性的工业产品之一。这款台灯拥有两个内嵌的半球形旋转钢片，由第三个圆顶支撑，内部还有一个可旋转的灯罩，用于遮挡灯泡的强光，从而创造出“日食”的效果。这款台灯因此得名。日食台灯至今仍由最早的生产商阿尔泰米德灯具公司销售，有红色、白色和橙色可选。在 1967 年推出时，日食台灯便获得了金圆规奖（Compasso d' Oro）。

EXPO MARK II SOUND CHAIR
世博会语音椅2号

费瑟斯顿夫妇（Grant & Mary Featherston）

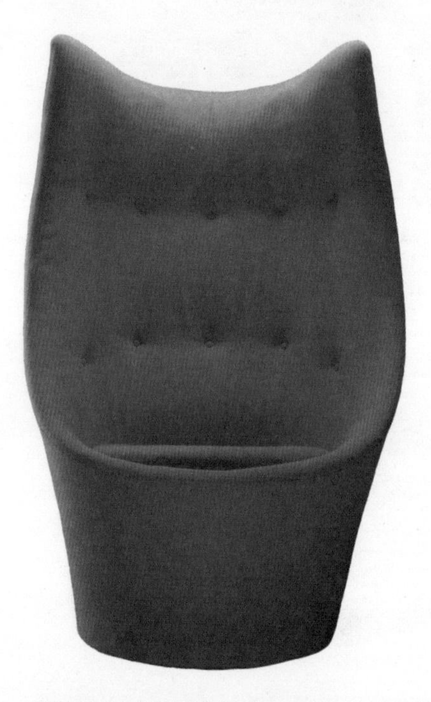

1966

这款又名“说话椅”（Talking Chair）的产品为坐着的人提供了独特的体验。语音椅在墨尔本设计并制造，仅用了 24 周，是为 1967 年蒙特利尔世博会专门打造的。椅子的座面下方安装了压力开关，触发后会播放一些澳大利亚知名人士的语音，这些语音通过隐藏在靠背内部的扬声器传出。语音椅采用坚固的膨胀聚苯乙烯外壳，外部包裹着泡沫材料。蒙特利尔世博会上共展出 250 把语音椅，大部分用土绿色的面料装饰，其中 70 把椅子的座面采用了明亮的橙色，表明它们内置的解说是法语。这款椅子取得了巨大的成功，于 1968 年投入商业化生产。用于销售的语音椅增加了十个按钮，安装了集成扬声器，并在底座一侧添加了音量旋钮。

OZOO DESK AND CHAIR

OZOO儿童桌椅

马克 · 贝尔捷（Marc Berthier）

1967

作为探索塑料模压造型的先锋人物，贝尔捷设计出了适合儿童使用的产品，以适应大规模生产的需求。不过法国罗奇堡家具公司（Roche Bobois）早期生产的 Ozoo 系列产品，却是由造船工人以较为手工化的方式生产的。这个系列的产品采用了玻璃纤维增强的聚酯材料，不仅包括床和储物单元，而且其还成功催生了一系列新产品，如成人用的桌子和鸡尾酒桌等。这些产品的简洁造型源于巨石一般的方块，去除了所有多余的材料，保留了最基本的元素。2017 年，这个系列迎来了它的 50 周年诞辰，罗奇堡家具公司在这个特殊时刻重新推出了 Ozoo 系列。这个系列的产品一直保持着原有的五种颜色：黄色、红色、白色、黑色，以及散发着浓浓法国风情的栗子糖色。

BOBORELAX LOUNGE CHAIR

波波休闲椅

奇尼 · 博埃里（Cini Boeri）

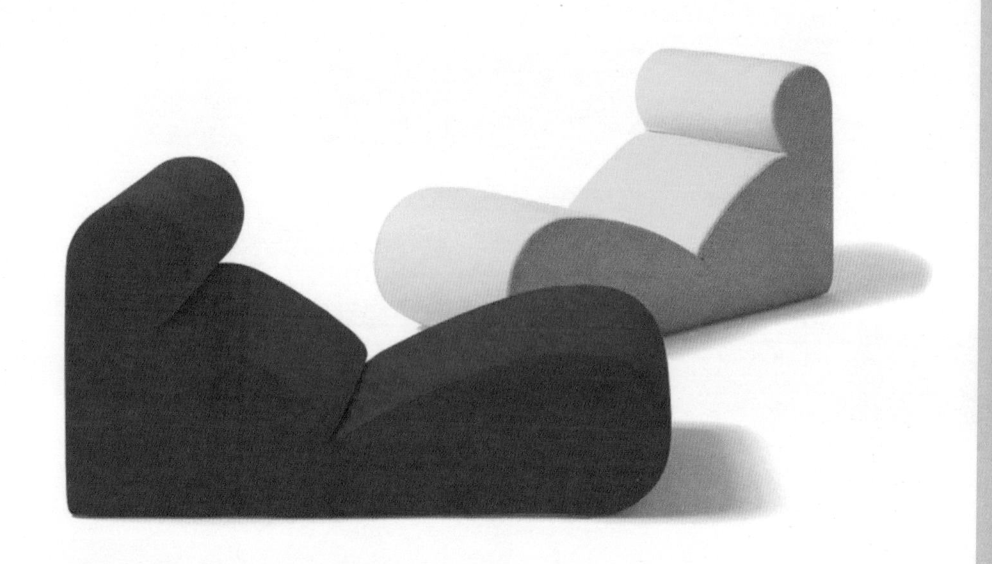

1967

鲜艳的红色、黄色、橙色、紫色和蓝色的弹性织物为这款椅子夸张的曲线外形提供了装饰。这款椅子由阿尔弗莱克斯公司生产，是最早完全由聚氨酯泡沫制成且没有内部支撑结构或框架的家具之一。博埃里与采用聚氨酯泡沫设计家具的先驱马尔科 · 扎努索合作了几年，正是出于对聚氨酯泡沫特性的理解，她才能设计出使用多个不同密度层的单块结构。经过一番实验，最终于 1967 年诞生了波波休闲椅和波波迪瓦诺沙发（ Bobodivano ），随后博埃里又推出了几款同样别具一格的产品。

SACCO CHAIR

豆袋椅

皮耶罗 · 加蒂，切萨雷 · 保利尼，佛朗哥 · 泰奥多罗
(Piero Gatti, Cesare Paolini and Franco Teodoro)

1968

这款椅子被生产它的扎诺塔公司称为“解剖学懒人椅”，原型作品名为“由你塑造”（Shaped By You），在投入生产时取名“豆袋椅”（Sacco 在意大利语中是袋子的意思），也是世界上第一款豆袋椅。设计师希望设计出一款能够适应人体形状的椅子，他们受到了当地农民用栗叶填充麻袋制成的床垫的启发。第一版豆袋椅使用了透明的 PVC 袋子，里面装满了聚苯乙烯颗粒，这引起了轰动，在设计师们找到生产商之前，纽约的梅西百货就订购了一万件。1969 年，豆袋椅在巴黎家具展上重新推出，使用了一种专为其开发的尼龙面料，立即大获成功，甚至成为那个时代的象征。

VOLA TAPWARE
沃拉水龙头

安恩 · 雅各布森（Arne Jacobsen）

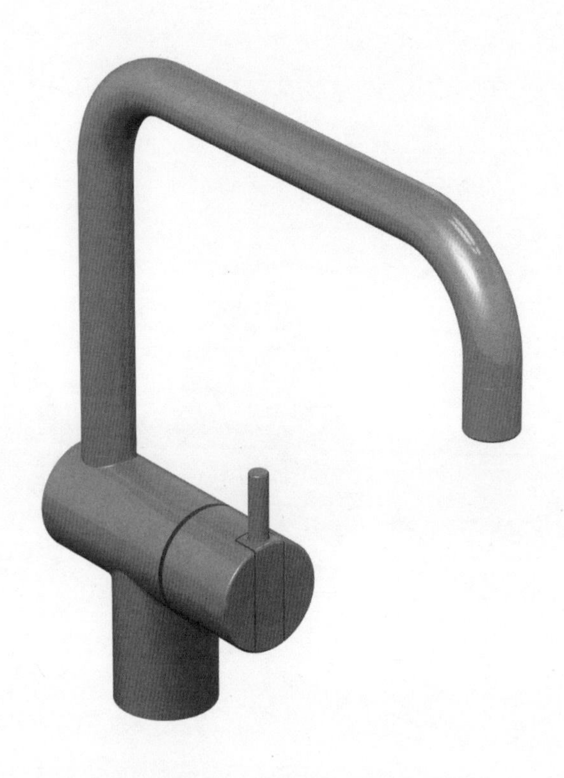

1968

作为极简主义建筑师兼设计师，雅各布森可能更倾向于选择淡雅的、类似混凝土灰的色彩作为水龙头的配色，但他也意识到了色彩的魅力。因此，他在产品中选用了十种色调，这些色调首次亮相于雅各布森的丹麦国家银行设计项目。沃拉水龙头制造商的老板维纳 · 奥弗加德（Verner Overgaard）提出了一种革命性的概念——将管道安装在墙内，只有水嘴和手柄可见。雅各布森欣然接受了这个提议，创造了一个超简约的现代水龙头系列，包括本页展示的在台面上安装的 KV1 型号。现在，该系列提供 15 种颜色选择，其中六种保留了原始调色板的色调。

CARNABY VASES

卡纳比花瓶

波 · 卢肯（Per Lütken）

1968

与 20 世纪 60 年代伦敦那条有名的卡纳比街一样，卡纳比花瓶也色彩鲜艳、引人注目——与这位丹麦设计师早期为当地的卡斯特鲁普 · 霍尔莫加德玻璃公司所做的克制设计形成鲜明对比。卡纳比花瓶优美的曲线轮廓和鲜艳的色彩（包括黄色、珊瑚色、绿松石色）完全符合当时的风尚，内部的白色玻璃更是增强了彩色外壳糖果般的外观效果，与传统的半透明玻璃有着显著的区别。卡纳比系列玻璃器皿除了包括卢肯设计的洋葱形的储水罐、轮廓优美的水壶和花瓶之外，还包括瑞典设计师克里斯特 · 霍姆格伦（Christer Holmgren）设计的经常被误认为烛台的花瓶。

MODEL 75 ANGLEPOISE LIGHT
75型安格普台灯

赫伯特·特里父子弹簧制造公司（Herbert Terry & Sons）

1968

在乔治·卡沃丁大获成功的1227型安格普台灯（第14页）推出30多年后，75型安格普台灯沿用了早期版本的工程原则，并采用了更加流畅的外观，与20世纪60年代的风格相得益彰。它的底座改为覆盖在起配重作用的铸铁上的圆形钢盖，取代了之前的方形阶梯式铸铁底座。此外，灯罩顶部增加了一个开关，并采用了较窄的流线型灯罩，让产品更显轻盈、精致，且更具现代感。台灯的颜色也变得更加丰富，除了传统的奶油色、灰色、黄色、红色、白色和黑色外，还新增了鳄梨绿色。

GARDEN EGG CHAIR

花园蛋椅

彼得 · 吉齐（Peter Ghyczy）

1968

无论是开放还是闭合的形态，这款光滑的蛋形作品都名副其实，它从内到外都散发着色彩的魅力。花园蛋椅的漆面外壳有红色、黄色、橘黄色和橄榄绿等多种色调可选，内部填充物（由泡沫、织物或皮革组成）则以各种明亮的对比色为主，同时融入了黑色和白色。这款椅子是为当时属于东德的埃拉斯托格兰公司（Elastogran GmbH）设计的，该公司主要生产聚氨酯聚合物。由于有光泽的饰面需要尽可能完美无瑕，生产过程中的劳动力成本巨大，因此不得不转移生产地到西德，在那里，这款椅子被视为现代设计的标志。1998 年，花园蛋椅的版权回归吉齐，目前，他自己的公司在荷兰生产这款产品。

UP5_6 ARMCHAIR AND OTTOMAN

UP5_6扶手椅及脚凳

加埃塔诺 · 佩谢（Gaetano Pesce）

1968

在意大利设计中，女权主义的表达十分罕见，但佩谢坚称，他设计的扶手椅和脚凳背后一直蕴含着与女性对男性的强制性奉献有关的寓意，而脚凳甚至象征着囚笼。扶手椅的曲线形状灵感来源于古代生育女神，因此被赋予了“La Mamma”和“Donna”等名称，但“UP”这个名字则是由于其不同寻常的材料的特性。

这款椅子的创意来自佩谢在洗澡时的观察，他发现被挤压的海绵一旦松开就会膨胀，于是，他利用了聚氨酯泡沫的特性——即使到了 20 世纪 60 年代末，这种材料仍然为设计实验提供了丰富的灵感。佩谢因此探究了用弹性针织物覆盖自膨胀扶手椅是否可行。这款扶手椅最初是真空包装销售的，包装由一层薄薄的聚氨酯泡沫皮制成，一旦真空封口被打开，就会自动膨胀，因此得名“UP”。

意大利的 C&B Italia 公司发布的扶手椅有五种颜色和两种大胆的条纹图案（后者极力强调了扶手椅华丽的形态）可供选择，UP 系列的形态在早期生产过程中发生了很大的变化，最终版本更加硬挺。在发展过程中，这款扶手椅的颜色和条纹的方向也发生了变化。早期佩谢偏爱的绿色和米色版本被放弃，广告宣传主要聚焦于红色和米色条纹版本以及纯色版本。

在 1969 年的米兰家具展上，这款椅子首次亮相颇为戏剧化，吸引了众多观众的眼球。多把扶手椅自行充气，就像一场表演。不幸的是，人们后来发现聚氨酯中的氟利昂 -12 气体对臭氧层有很大的破坏作用，因此，UP 系列在 1973 年被迫停产。同年，C&B Italia 公司被皮耶罗 · 布斯内利（Piero Busnelli）接管，公司更名为 B&B Italia。这款椅子在短短三年内引起了国际轰动，随后被尘封在历史中，直到 2000 年，B&B Italia 公司使用传统的模塑聚氨酯泡沫重新推出了 UP 系列家具。

VALENTINE PORTABLE TYPEWRITER
瓦伦丁便携打字机

埃托 · 索特萨斯（Ettore Sottsass），佩里 · 金（Perry King）

1969

这款打字机的塑料模制外壳对当时的新新人类具有极大的吸引力，其鲜艳的红色与传统打字机的颜色形成了鲜明的对比（虽然也有白色、绿色和蓝色可选，但远不如红色受欢迎）。瓦伦丁便携打字机是索特萨斯在担任奥利维蒂公司（Olivetti）设计顾问的22年间设计的5款打字机之一，充分展示了这位出生于奥地利、定居于米兰的设计师的卓越才华。一体化的手柄将打字机与硬塑料外壳紧密结合，同时充当了携带把手，这使得该产品成为灵活工作新概念的代表，也是现代无忧无虑的生活方式的重要象征。

COMPONIBILI STORAGE

储物模块

安娜 · 卡斯特利 · 费列里（Anna Castelli Ferrieri）

1967—1969

费列里最初在 1967 年设计的是带有柔和圆角的方形储物模块，直到 1969 年卡特尔家具公司推出了圆形版本，这款产品才真正引领了全球风潮。储物模块以其鲜明的色彩、滑动门、指孔代替把手和可选的轮子为特色。这款产品由 ABS 塑料制造，这种材料在当时是非常新颖的，自此之后销量已超过 1000 万件。2019 年，卡特尔家具公司推出的储物模块利用生物材料（以农业废弃物为原材料）制成，新推出柔和的色调版本包括粉色、黄色、绿色和奶油色，常规的 ABS 版本包括红色、蓝色、绿色、紫色、黑色、白色和银色，还有金属铬色、金色和铜色。

UTEN.SILO WALL STORAGE
UTEN.SILO墙面收纳系统

多萝特 · 贝克尔（Dorothee Becker）

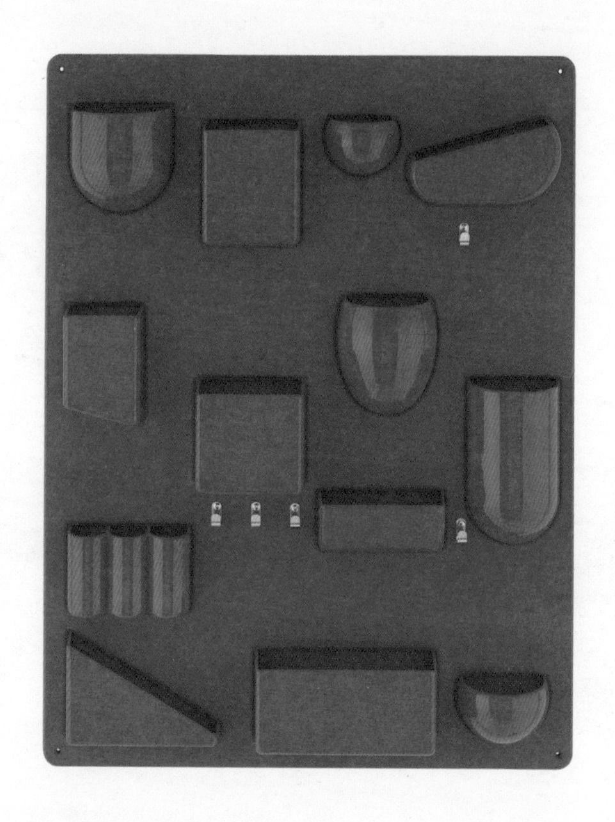

1969

这款具有开创意义的 Uten.silo 墙面收纳系统由贝克尔设计，其多彩的外观和收纳功能同样重要。Uten.silo 的主体是一块 ABS 塑料板，上面配有各种模制袋子、金属挂钩和夹子。贝克尔和她的丈夫——灯具设计师英戈 · 毛雷尔（Ingo Maurer）投资了 40 万美元用于生产。该产品在美国销售时声称“一切皆可上墙”。产品起初取得了巨大成功，但 20 世纪 70 年代爆发的石油危机造成该产品生产成本过高，1976 年被迫停产。2000 年，维特拉设计博物馆重新推出了 Uten.silo 墙面收纳系统，提供了三种颜色（红色、白色和黑色）和两种尺寸。

TUBE LOUNGE CHAIR
管形休闲椅

乔 · 科伦坡（Joe Colombo）

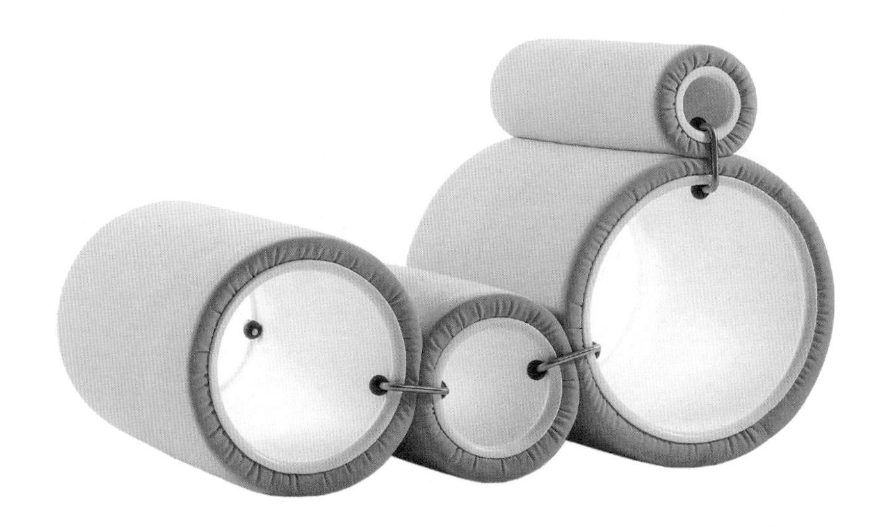

1969

鲜艳的黄色、橙色和蓝绿色赋予了管形休闲椅别样的活力。组成休闲椅的四个中空的圆柱体，不仅展示出引人注目的雕塑美感，还勾勒出迷人的轮廓。这些不同大小的圆柱体外部覆盖着聚氨酯泡沫和多种布料或皮革，用固定夹固定在一起，可以自由组合成各种形态，方便收纳。管形休闲椅成为当时各大设计博物馆的新宠，也充分展示出科伦坡对多功能和合成材料的独特热爱。这款产品最初由 Flexform 家具公司制造，在 2016 年由卡佩里尼家具公司（Cappellini）重新推出。卡佩里尼家具公司的创意总监朱利奥 · 卡佩里尼（Giulio Cappellini）称其为“当代设计史上的一个里程碑”[6]。

维纳尔 · 潘顿
Verner Panton

维纳尔·潘顿孩提时期就梦想成为一名艺术家。虽然他最终选择了建筑学，但他的设计仍然极具艺术气息，无论是室内设计、家具设计、织物设计还是照明设计。这位丹麦设计师最为人们所熟知的是他大胆的色彩运用，以及对曲线形状和旋涡图案的热衷。同时，他也拥有敏锐的洞察力，善于观察几何与重复形式所产生的影响，并能精准利用数学以及光与色彩的科学属性，而非仅凭感性设计。

1958 年，他接受了人生中第一个重要的设计委托——科姆·伊肯酒馆。他在这家传统乡村酒馆里增建了一座两层高的现代派亭子，追求一种以几何图形和色彩为核心的视觉刺激体验。这家酒馆由潘顿的父亲管理，当时受到了很多关注，因其装饰中运用了五种红色色调而赢得了“红宝石”的别名。从制服到倒置的锥形餐椅，所有设计均出自潘顿之手。酒馆开业不到一年，潘顿为了生产和推广他的锥形系列设计，成立了 Plus-linje 家具公司。

不久之后，潘顿对传统织物装饰提出了质疑，他设计了基于重复铬镀线圈的几乎透明的家具［金属线系列（1959—1960）（Wire Collection）］，并尝试使用充气塑料立方体和热成型的聚甲基丙烯酸甲酯板材制作模块化座椅。

早年，潘顿受到了两位关键导师的深刻影响，他们分别是作家、建筑师兼设计师波尔·亨宁森，以及建筑师安恩·雅各布森。这两位导师是 20 世纪中期在丹麦最受尊敬的人物，同时也是丹麦现代主义的重要推动者。在 1950—1952 年，潘顿在安恩·雅各布森的事务所工作，同时也在丹麦皇家美术学院（Royal Danish Academy of Fine Arts）完成了他的建筑学课程。在雅各布森的事务所中，他主要参与家具设计，也是研发雅各布森著名的蚁椅（Ant Chair）团队中的一员。这些经历对于理解潘顿对材料的独特痴迷非常关键，并且也深深影响了他在家具设计领域的发展方向。

潘顿在 1956 年设计的胶合板 S 形悬臂椅（275/276 型）由索尼特兄弟家具公司（Gebrüder Thonet）在 1965 年生产，实现了他设计一个具有连续形式和单一材料的椅子的目标。然而，潘顿渴望更进一步，并寻求合成材料来实现这一目标。他与维特拉家具公司合作开发的标志性潘顿椅（Panton Chair）于 1967 年首次向媒体展示，是这一探索阶段的高潮。

在接下来的一年，潘顿开始为德国拜耳化学公司（Bayer）策划一系列大型展览。在科隆家具展期间，他在莱茵河畔停靠的一艘多层轮船上打造了一个充满活力的沉浸式空间，用来展示和推广拜耳化学公司的新型合成织物。他在这里安装了大量的花盆吊灯（第 106、107 页），将其作为完整的感官体验的一部分。他在自己后来的项目，如科隆的 Visiona 2 展览（1970 年）和丹麦奥胡斯的瓦尔纳餐厅（1971 年）中，将对色彩分区和情感刺激空间的理论推向了令人惊叹的新高度。

潘顿是一位才华横溢的设计师，他渴望创新和激发灵感，并具备在多种媒介上实现这一目标的罕见能力。（仅在织物设计领域，他就为丹麦 Unika Vaev 纺织公司和瑞士 Mira-X 织物公司创作了数百种以几何图案为主的充满活力的产品。）他说：“多数人一辈子都活得单调乏味，身边的环境不是灰色就是米色，他们害怕使用色彩。我努力探索新的途径，鼓励人们发挥想象力，让他们的生活环境更加丰富多彩、令人振奋。”[7]

从左上角起顺时针：

Verpan 线圈灯（Verpan Wire Lamp），1972 年，丹麦 Verpan 公司于 2009 年重新推出

装饰 1 系列的曲线图案织物，为 Mira-X 公司设计，1969 年

潘顿椅，1958—1967 年设计，维特拉家具公司于 1967—1979 年和 1990 年至今生产

VP08 地毯，1965 年，设计师地毯公司生产

《活雕塑》（*Living Sculpture*），为 Kill und Metzeler Schaum 公司设计的两个原型之一，科隆家具展，1972 年

对页：

图片中的人是维纳尔·潘顿，这是他设计的家居高架沙发（Living Tower），约 1969 年

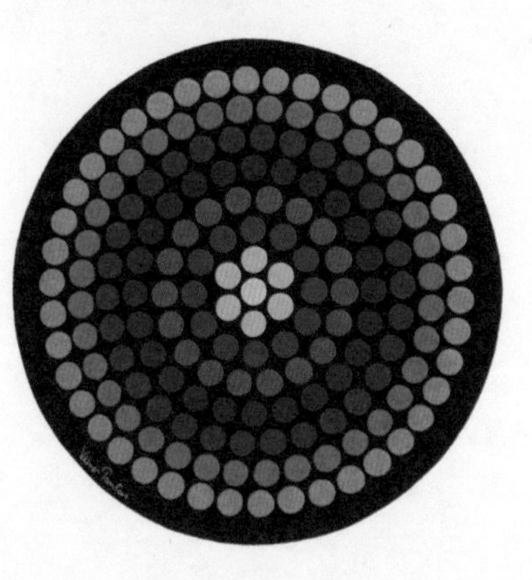

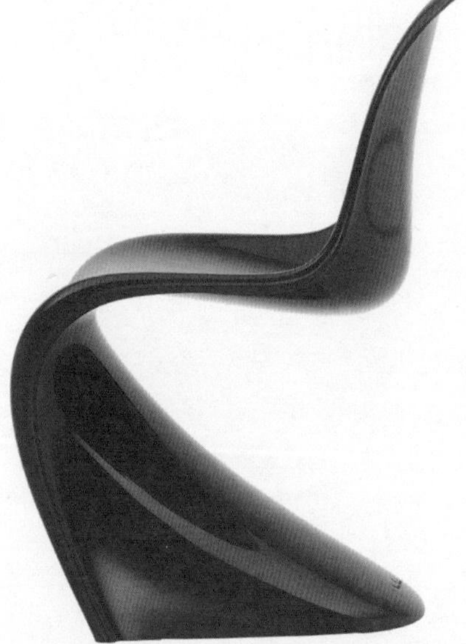

VERNER PANTON
维纳尔·潘顿

花盆吊灯 FLOWERPOT PENDANT LIGHT（1968）

旧金山“爱之夏运动”一年后，即 1968 年，科隆 Visiona 展览展示了大量色彩斑斓的花盆吊灯，这是维纳尔 · 潘顿对嬉皮士“花的力量运动”（Flower Power Movement）进行的机智回应。他追求数学上的精确性，灯罩的圆顶直径正好是下方倒过来的半球直径的两倍，这样的设计可以减少灯泡产生的眩光。最初，这款灯由丹麦路易斯 · 波森灯具公司以明亮的红色、蓝绿色、白色和橙色发布，后来的版本外表开始增加带有迷幻色彩的旋涡图案。如今，这款灯由丹麦的 &Tradition 灯具公司生产。

MULTICHAIR
多形态椅

乔·科伦坡（Joe Colombo）

1970

从这款椅子的名字上可以看出，它对不同的人来说可以有不同的意义。多形态椅鼓励人们以个性化的方式坐着和休息，引导用户按照自己的喜好配置两个座位部件。这两个座位部件都包括一个内部钢架结构，外覆聚氨酯泡沫和弹性织物，并由小型皮带、销子和扣环固定在各种位置上。最初，由 Bieffeplast 公司生产的多形态椅有红、黑和电光蓝三种颜色，后来意大利 B-Line 公司重新推出了这款椅子，但只保留了红色和黑色两种颜色。

BEOLIT (400/500/600) RADIOS
BEOLIT收音机（400/500/600型）

雅各布 · 延森（Jacob Jensen）

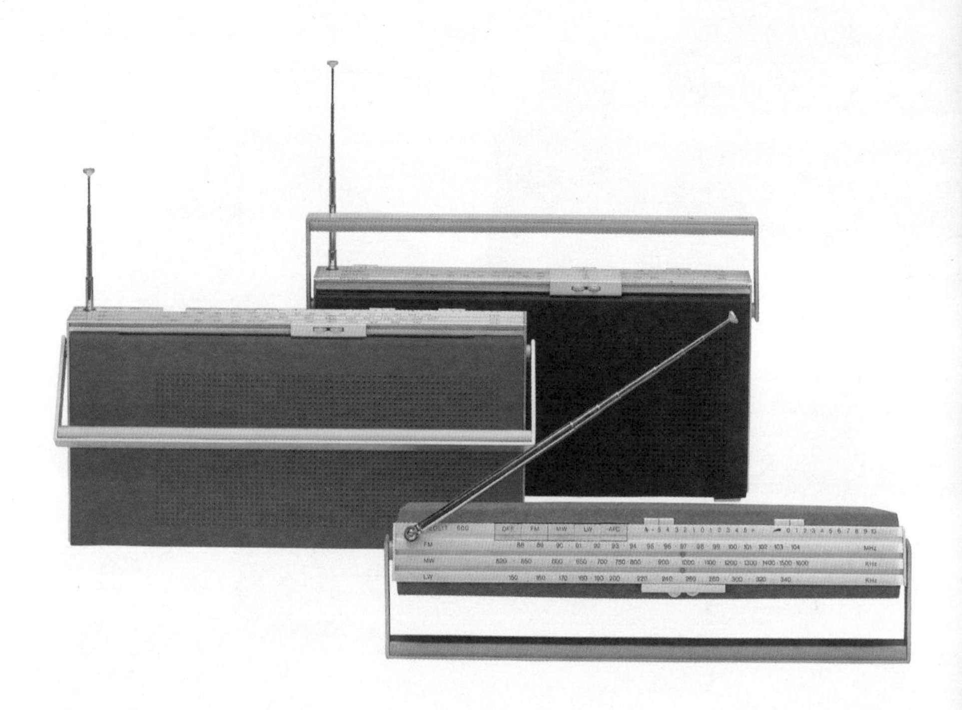

1970

在当时，许多人将这款产品简称为“彩色收音机”，这款为丹麦 Bang & Olufsen（B&O）电子公司设计的完美产品彻底颠覆了收音机的设计，并为许多后来的高保真收音机树立了典范。从审美角度来看，当时的收音机一直停留在 20 世纪 50 年代的风格，看起来像是笨重的手提包，而不是电子设备。相比之下，不同版本的 Beolit 收音机用铝材制成，配以各种颜色的卡扣式塑料外壳，呈现出一种极具建筑感的设计风格，同时又独具特色。这款收音机赢得了众多设计奖项，并在 1972 年被收入纽约现代艺术博物馆的设计馆藏。

BOBY STORAGE TROLLEY

波比储物推车

乔·科伦坡（Joe Colombo）

1970

像科伦坡的大多数产品一样，色彩丰富且紧凑的波比储物推车具有突出的多功能性和灵活性。由 ABS 塑料制成的精致的主体拥有多个存储隔间和旋转式抽屉，而聚丙烯材质的脚轮则使其移动起来更为方便。波比储物推车由位于帕多瓦的家具和照明制造商 Bieffeplast 公司推出，随着该公司于 1999 年倒闭，波比储物推车也停止了生产，但在同一年同在帕多瓦的 B-Line 公司立刻接手了波比储物推车的生产。波比储物推车现在有四种高度和六种颜色（红色、黄色、绿铜色、白色、灰色及黑色）可供选择。

REVOLVING CABINET

旋转陈列柜

仓俣史朗（Shiro Kuramata）

1970

虽然这款柜子只有一种颜色——带有光泽的红色，但这种颜色与柜子所展现的活力完美契合。它就像一个动态的雕塑，挑战了人们对静态家具的固有概念。它高约 1.8 m，由 20 个完全相同的亚克力抽屉组成，这些抽屉围绕着一根垂直的杆旋转。与这些抽屉排列成一个流线型的整体相比，当抽屉处于混乱的摆放状态，或者抽屉被按顺序移动以创造出一个螺旋效果时，它展现出的动态美感更为强烈。仓俣史朗，作为孟菲斯运动的成员之一，引起了朱利奥 · 卡佩里尼的注意。卡佩里尼的公司于 1987 年开始生产这款柜子。

ETCETERA CHAIR
异形休闲椅

让 · 埃克谢琉斯（Jan Ekselius）

这款椅子具有流线造型和大胆而丰富的色彩选择——甚至还有一款棕色天鹅绒版本，可以说，很难找到一把比它更能够与时代相契合的椅子了。在 20 世纪 70 年代，异形休闲椅最初由瑞典的 J. O. 卡尔松家具公司（ J. O. Carlsson ）生产，并大受欢迎，在美国被称为“Jan 椅”。现在的生产商埃克谢琉斯设计事务所（ Ekselius Design ）对材料进行了内部改进以提高舒适度，但椅子仍然采用钢管框架，外覆绿色、黄色、蓝色、两种红色、棕色、米色、灰色和白色的弹性棉绒面料，还有与之搭配的脚凳可供选择。

1970

LE BAMBOLE ARMCHAIR
班博尔扶手椅

马里奥 · 贝里尼（Mario Bellini）

1970—1972 在班博尔系列产品的广告宣传中，沃霍尔（Warhol）的缪斯女神唐娜 · 乔丹（Donna Jordan）上身赤裸，横陈在沙发上。广告虽然引起了公众的愤怒，但同时也为新创立的家具品牌 B&B Italia 赢得了大量媒体关注。然而，班博尔扶手椅和沙发本身引人入座的特性和随性的氛围感才是它长盛不衰的关键。班博尔扶手椅最早推出的版本采用纯洁的白色，现在更为人们熟知的是充满活力的红色版本。尽管这款扶手椅看起来像是完全由垫子构成，但其内部嵌入了极具韧性的结构，并填充了聚氨酯泡沫，以帮助其保持形状。该系列产品还包括床和圆墩。班博尔扶手椅在推出七年后，即 1979 年，赢得了“金圆规奖”。

CACTUS COAT STAND

仙人掌衣架

圭多·德罗科（Guido Drocco），佛朗哥·梅洛（Franco Mello）

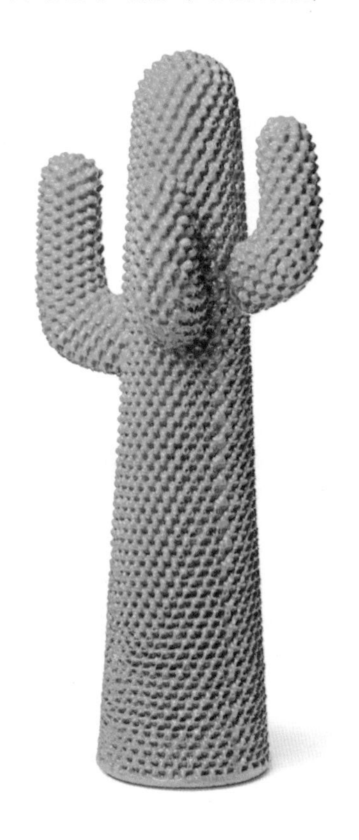

仙人掌衣架与其说是一件家居用品，不如说更像一件极具颠覆性的艺术作品。它最初以鲜亮的祖母绿色问世，然而现在，这个版本更多地被视为设计博物馆中的珍品，而非日常生活用品。自首次亮相以来，这个高 170 cm 的柔软的聚氨酯支架已经由意大利前卫品牌古夫拉姆以多种颜色推出，包括白色（2007）、红色（2010）、黑色（2010）、绿底橙顶（仿佛被阳光晒焦了一样，2012），甚至还与时装设计师保罗·史密斯（Paul Smith）合作推出了一个彩色版本（2016）。无论当前正在生产的是哪种颜色的版本，充满趣味的设计总能不断地给人带来惊喜。

1972

OMKSTAK CHAIR
OMK堆叠椅

罗德尼 · 金斯曼（Rodney Kinsman）

1972

OMK 堆叠椅拥有生动的色彩、简洁的线条和独特的圆形穿孔，既实用又充满设计感，出自英国设计师金斯曼之手。此外，它还顺应了当时新兴的高科技风格。这种风格在理查德 · 罗杰斯（Richard Rogers）等建筑师的作品中得到了充分体现，他在巴黎蓬皮杜艺术中心设计中展现的工业风格引起了一时轰动。OMK 堆叠椅是通过将两片钢板压制在一起，并固定在一个镀铬的钢管框架上而成型的。这种设计不仅独特，而且非常实用。椅背的镂空设计让人们可以轻松地搬运，而纤细的框架和穿孔设计则减轻了椅子的重量，可以实现 25 把椅子轻松堆叠。现在，这款产品已经售出了超过 100 万件，后来的款式还提供与颜色相匹配的框架，使其在实用性和美观性上更加出色。

MODUS CHAIR
莫杜斯办公椅

Tecno 项目中心（Centro Progetti Tecno）

1972

莫杜斯办公椅的设计理念是生产一个可以搭配多种底座的座椅壳体组件，以适应现代办公室中的各种活动需求。座椅壳体采用有光泽的尼龙材料制造，并有四种鲜艳的颜色（红色、黄色、绿色和蓝色）以及黑色和白色供选择。莫杜斯系列是由意大利 Tecno 家具公司生产的，设计出自该公司当时新成立的内部研发团队“Tecno 项目中心”。这个系列的产品还包括在等候区使用的长椅座位、可以旋转的椅子以及带有脚轮的可调节高度的绘图椅。同时，还可以添加扶手、软包座椅和靠背垫。利用与之配套的 X 形简便手推车，用户最多可以堆叠 10 把椅子。

EKSTREM LOUNGE CHAIR
异形水管椅

泰耶·埃克斯特龙（Terje Ekstrøm）

1972

异形水管椅以其跳脱的颜色和鲜明的外形特征最终成为 20 世纪 80 年代的标志性产品，不过直到 1984 年挪威的 Hjellegjerde 公司才开始生产，这一切来得稍晚了一些。挪威的设计大多数遵循丹麦和瑞典的功能主义的现代模式，但异形水管椅是个异类，它标志着一个重大突破。它独特的曲线是由弯曲的钢管、聚氨酯泡沫和弹性针织面料共同勾勒出来的。管道之间的空隙与管道本身同样重要，用户可以以多种不同方式舒适地坐着，甚至可以面朝椅背坐着。

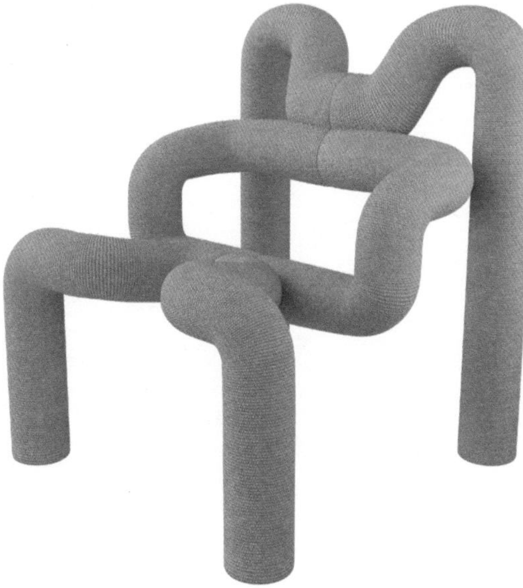

TOGO SEATING
TOGO系列坐具
米歇尔 · 迪卡鲁瓦（Michel Ducaroy）

1973

很多产品的设计通常仅限于使用特定范围的颜色，然而，生命周期悠长的 TOGO 系列模块矮坐具却打破了这一限制：从亮色到暗色，从花卉图案到格纹，甚至金属质感的面料，TOGO 系列无所不包。在 2013 年，为庆祝 TOGO 系列坐具诞生 40 周年，法国家具品牌写意空间（ Ligne Roset ）提供了多达 899 种的布料和皮革颜色选择。TOGO 系列沙发、休闲椅（ 本页图片所示 ）和脚凳没有内部结构，仅采用三种不同密度的泡沫制造。这个系列的座椅形态柔软且具有褶皱感，体现了 20 世纪 70 年代反主流文化的精神，至今已售出超过 150 万件，仍旧十分受欢迎。

HOMAGE TO MONDRIAN CABINET
“致敬蒙德里安”柜

仓俣史朗（Shiro Kuramata）

1975

提到“致敬蒙德里安”柜，人们会立刻想起蒙德里安（Mondrian）以鲜艳的原色和粗黑线条而闻名的作品。而仓俣史朗的设计作品本身不仅是一件艺术品，同时还带来了令人惊喜的实用性，柜子表面上的一些图形后面隐藏着门和抽屉，但并非全部如此。这位日本设计师创作了两种风格，其中一种（如本页图片所示）似乎是直接对蒙德里安 1930 年的《红、黄、蓝的构成》（*Composition II in Red, Blue, and Yellow*）的再现，而另一种则是对鲜为人知的 1936 年的《黄色构成》（*Composition with Yellow*）的再现。卡佩里尼家具公司自 2009 年以来一直在生产这款产品。

SINTESI LAMP
综合灯具

埃内斯托·吉斯蒙迪（Ernesto Gismondi）

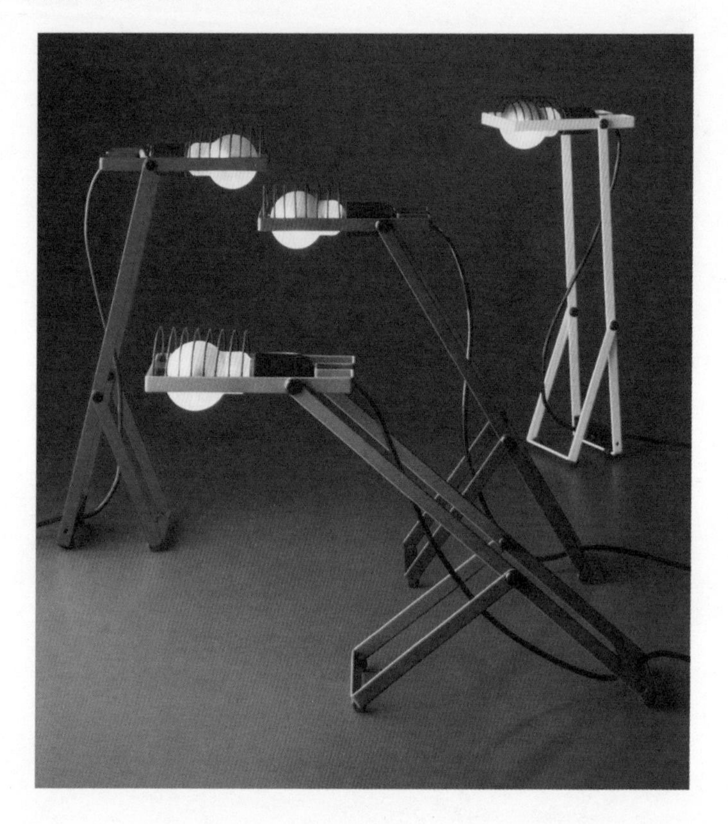

1975

综合灯具系列剥离了灯具上除了操作所需的基本框架之外的所有部分，凭借其折叠和活动的设计，它能够自如地在台灯、落地灯和壁灯之间变换功能。这个系列的颜色丰富，包括鲜艳的绿色、明亮的橙色和蓝色等，还涵盖了落地灯、小型壁灯和壁挂式摇臂灯等不同类型。特别有趣的是灯具上精细的弧形线条，虽然它们形成了灯罩的形状，但并不具备实际的反射功能。综合灯具是吉斯蒙迪的第一个照明设计作品，他于 1960 年创立了著名的阿尔泰米德灯具公司。

SPAGHETTI CHAIR (101)

细面条椅

詹多梅尼科 · 贝洛蒂（Giandomenico Belotti）

1974—1979

这款椅子以透明的 PVC 绳为座面和背靠，鲜艳的原色（后来还有较细腻的色调）赋予了它独特的个性。它的成功归功于设计师詹多梅尼科 · 贝洛蒂和企业家恩里科 · 巴莱里（Enrico Baleri）的坚定决心。贝洛蒂以其精益求精的能力而闻名，巴莱里则是颇具先锋实验性的 Pluri 公司的创始人。1974 年，这款椅子以敖德萨（Odessa）为名问世，不过，它的风格在当时可能显得过于简约。经过不断的调整，这款椅子在 1979 年成了巴莱里新成立的阿里亚斯公司（Alias）的首个产品，同年在纽约展出时大受欢迎。这款被称为“细面条”的椅子迅速走红，终于与当时的潮流风格完美契合。

亚历山德罗·门迪尼
Alessandro Mendini

亚历山德罗·门迪尼是一位建筑师、设计师、艺术家、作家和评论家，他设计的安娜G螺旋开瓶器（Anna G Corkscrew）与他设计的荷兰格罗宁根博物馆同样广为人知，同时，他在极具影响力的设计杂志《美屋》（*Casabella*）、《莫多》（*Modo*）和《住宅》（*Domus*）的多年工作也备受赞誉。安娜G螺旋开瓶器是门迪尼在20世纪90年代为意大利阿莱西家用产品公司（Alessi）设计的，其丰富多彩的外观和友好的个性展现了门迪尼设计中的人文主义风格。

门迪尼拥有出色的分析思维，对从拉斐尔前派到立体主义等各种艺术流派有着深厚的兴趣，并且致力于在自己的作品中运用色彩、图案和符号。他一直坚持探讨艺术家在设计中的角色，以及设计在艺术中的地位，并提出设计是“艺术的一个亚种”的观点。

门迪尼曾在著名的米兰理工大学学习工程学，但他发现建筑领域中的审美选择更加有趣，于是转而学习建筑。在此期间，他与姑姑玛丽达·迪·斯特凡诺（Marieda Di Stefano）和她的丈夫安东尼奥·博斯基（Antonio Boschi）居住在同一套公寓中，公寓中充满了艺术氛围。这栋公寓建筑的“艺术导向”由意大利著名的建筑师皮耶罗·波塔鲁皮（Piero Portaluppi）负责，而公寓里则摆满了这对夫妇的艺术收藏品。如今，这栋公寓已被改造成博物馆。

1965年，门迪尼加入了尼佐利联合事务所（Nizzoli Associati）。在此期间，他通过为《美屋》杂志工作，结识了意大利激进主义运动的一些重要团体和支持者，如阿基佐姆小组（Archizoom）、超级工作室（Superstudio）、埃托·索特萨斯和加埃塔诺·佩谢。这一时期也是充满挑衅意味的杂志封面的流行时期，门迪尼设计了他所说的具有“精神性”的作品——其中一例是一把简单的几何形式的木椅，放置在一个扁扁的金字塔结构上，然后在《美屋》杂志社办公室门外被付之一炬，这个画面被拍摄下来，成了《美屋》1974年7月刊的封面。后来，门迪尼于1977年创办了自己的杂志《莫多》，并在1980—1985年担任《住宅》的主编。

1978年，门迪尼加入了阿尔基米亚工作室（Studio Alchimia），与埃托·索特萨斯、安德烈亚·布兰齐（Andrea Branzi）和米歇尔·德·卢奇（Michele De Lucchi）等人合作。这个组织是孟菲斯团体（Memphis Group）的先驱，倡导装饰、幽默和讽刺，以回应形式和功能主义的教条。在这个时期，门迪尼设计出了他标志性的普鲁斯特椅（第129页），这是一把以点彩主义风格绘制的18世纪的椅子的复制品。这个设计展现了他对艺术家和设计师之间界线的模糊性以及历史和文化参照的渗透性的独特见解。

门迪尼经常提到“认真的游戏”。在20世纪90年代和21世纪初，门迪尼与阿莱西家用产品公司合作期间，他设计了许多既有趣又实用的产品。他说：“我设计的所有产品都像角色一样，有好的一面，也有坏的一面。这是一种喜剧与悲剧的结合。”[8]

1989年，他和弟弟弗朗切斯科一起创办了门迪尼工作室，并与许多不同的品牌合作，包括像维尼尼这样专注精细制作的制造商，以及卡地亚（Cartier）、爱马仕（Hermès）、斯沃琪（Swatch）和施华洛世奇（Swarovski）等知名品牌配饰公司，还有扎诺塔、卡佩里尼和BD巴塞罗那设计等家具集团。

门迪尼的作品充满趣味性和戏剧性，大量运用图案，对色彩的观察处理方式十分巧妙——这两点在他设计的格罗宁根博物馆中表现得淋漓尽致：金黄色的塔楼、巨大的多彩楼梯以及解构与几何形式的混合。他说：“我一直以一种‘非常直觉’的方式来处理色彩问题，虽然我可能会依赖一些规则和方法论，但这些规则和方法论都是源于我的直觉，而不是基于光学或灵性事实。”[9]

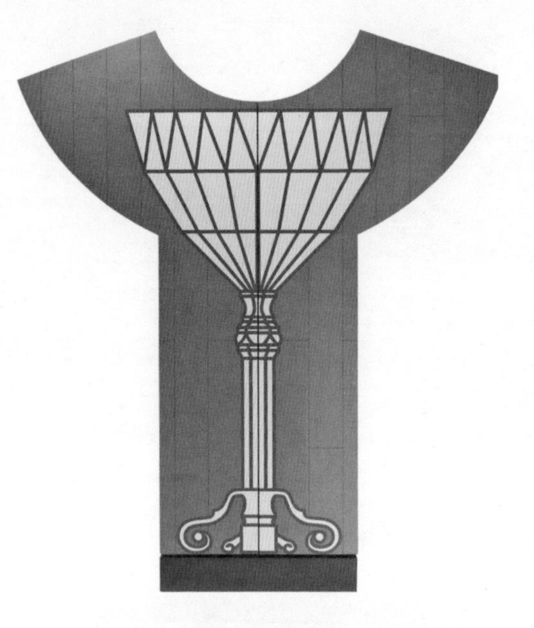

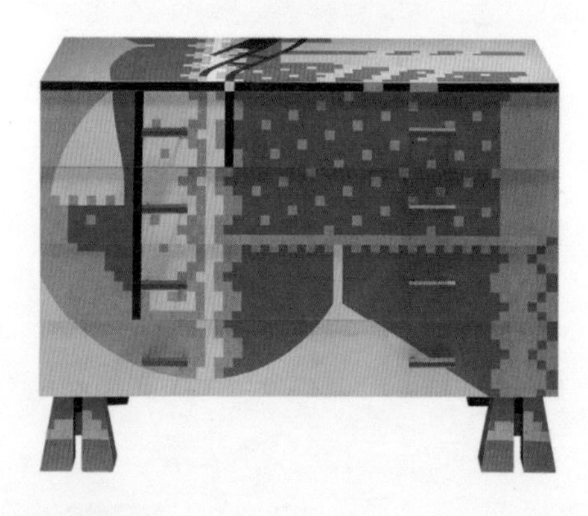

从左上角起顺时针：

克里斯塔洛储物柜（Cristallo Cupboard），2018 年，为 BD 巴塞罗那设计家具公司设计

安娜 G 螺旋开瓶器，1994 年，为阿莱西家用产品公司设计

泽布罗桌椅（Zabro Table Chair），1984 年，1989 年由扎诺塔公司重新推出

卡拉莫比奥橱柜（Calamobio Cabinet ），1985 年，1989 年由扎诺塔公司重新推出

对页：

亚历山德罗 · 门迪尼在米兰工作室，1997 年，吉蒂 · 达鲁加（Gitty Darugar）拍摄

ALESSANDRO MENDINI
亚历山德罗·门迪尼

SLR100 方丹戈手表 FANDANGO (SLR100) WATCH（1994）

门迪尼为瑞士斯沃琪钟表集团设计的手表展现了轻松、有趣和略带疯狂的特点，这与该品牌老一代表面上看重的严肃的工程化形成了鲜明对比。门迪尼为斯沃琪设计了许多别具一格的手表，采用了与众不同的色彩组合——如珊瑚红、薄荷绿和糖果紫与绿松石和波尔多红相互交融，且常常叠加鲜艳的原色。其中，这款方丹戈手表充分展现了门迪尼在阿尔基米亚工作室时期的特点，以轻松愉快的方式重新诠释了日常物品，并钟爱大胆的几何图案。在这款手表上，出现了一些象征海滩生活的有趣符号，如阳伞、旗帜和条纹。而手表的闹钟功能则会播放法国当代作曲家让·米歇尔·雅尔（Jean-Michel Jarre）的曲子。

普鲁斯特椅 PROUST CHAIR（1978）

这位意大利先锋设计师将法国印象派技法应用在一把洛可可风格的椅子上，椅子的名字无疑与普鲁斯特关于时间和地点的文学作品相关。这把椅子的鲜艳色彩的模糊感归功于点彩派画家保罗·西涅克（Paul Signac）——门迪尼将西涅克的一幅画投影到这把洛可可风格的椅子上，然后直接在椅子表面（包括框架）手绘了图案。卡佩里尼家具公司在1993年推出了普鲁斯特椅的生产版，仍保留着手绘的框架，并提供两种配色的印刷织物作为椅子的面料。2009年，卡佩里尼家具公司推出了第三个版本，使用了门迪尼设计的大胆的几何图案织物作为椅子的面料。

CARLTON ROOM DIVIDER
卡尔顿房间隔断

埃托 · 索特萨斯（Ettore Sottsass）

1980

孟菲斯团体的创始成员之一埃托 · 索特萨斯设计的这款图腾般的房间隔断，是一件集隔断功能、书架和抽屉柜于一体的标志性作品。这件作品在孟菲斯团体 1981 年的首次展览中亮相。该展览会聚了众多设计师的优秀作品，包括马尔蒂娜 · 贝丁（Martine Bedin）、安德烈亚 · 布兰齐、汉斯 · 霍尔莱因（Hans Hollein）、仓俣史朗、米歇尔 · 德 · 卢奇、哈维尔 · 马里斯卡尔（Javier Mariscal）、娜塔莉 · 杜 · 帕斯奎尔（Nathalie Du Pasquier）、彼得 · 夏尔（Peter Shire）、乔治 · J. 索顿（George J. Sowden）、马泰奥 · 通（Matteo Thun）和马尔科 · 扎尼尼（Marco Zanini）等。

在米兰展开的孟菲斯运动抛弃了功能主义和完美比例的理论，转向了对色彩和图案的过度使用，同时也采用了诸如塑料层压板和印花棉布等“普通”材料。虽然孟菲斯团体常常多多少少被认为品位不佳，但它的存在时间并不长。在索特萨斯转而专注于他的建筑设计工作室三年后，也就是 1988 年，这个团体宣告解散。

索特萨斯曾对孟菲斯作为一场运动的持久性提出疑问，但他深深地感受到，在建筑和设计领域，人们迫切需要一种新的思维方式，将激情、讽刺和大胆的装饰融入其中。孟菲斯运动成功地引发了创造思维的根本性转变，无疑是 20 世纪设计史上一座重要的里程碑，并且直至今日仍持续影响着当代设计师。

卡尔顿房间隔断就像某种未来主义的部落神祇或色彩斑斓的图腾，顶部摆放了一个与之相平衡的人形结构。与索特萨斯同年设计的塔希提台灯（第 133 页）一样，卡尔顿房间隔断也是放在一个被称为“细菌”（Bacterio）的黑白色塑料层压板基座上。这种塑料材料是索特萨斯于 1978 年为意大利阿倍特公司（Abet Laminati）设计的，并广泛应用于孟菲斯团体设计的家具和照明产品中。

与基座结合的整个隔断结构使用了孟菲斯色调的纯色层压板，架

子的竖向挡板部分大多以非常规的角度放置。虽然这些元素在初看之下似乎是随意排列的，但实际上，各种水平的搁板和倾斜的竖向挡板在位置和颜色上都是完全对称的，使得整体设计在复杂中又显得平衡、协调。

WINK (111) ARMCHAIR

小憩休闲椅

喜多俊之（Toshiyuki Kita）

1980

小憩休闲椅以俯卧的姿态紧贴着地面，展开时是 2 m 长的舒适躺椅，而直立时，它又摇身一变成为一把占地面积相对较小的休闲椅。这种千变万化的特质，再加上其充满趣味的色彩运用，使得小憩休闲椅在 20 世纪 80 年代初一夜之间成为制造商卡西纳家具公司的轰动之作。独立可调的头枕，形状如同米奇老鼠的耳朵一般可爱，赋予了它一种独特的动漫与迪士尼风格的魅力，也提升了这款产品的受欢迎程度。这款休闲椅的织物外罩方便拆卸，分为单色、双色和三色版本，可以将整体统一为单色调，或者突出头枕部分，甚至还可以以不同颜色分别展示每个独立的组件。

TAHITI TABLE LAMP
塔希提台灯

埃托·索特萨斯（Ettore Sottsass）

1981 

可以说，这款小巧而独特的台灯是对孟菲斯团体设计方法的总结。它友好的鸭子外观与当时大多数设计师追求的现代主义风格完全相反，反映了该团体对艳丽的色彩和充满活力的图案的热爱，这是孟菲斯团体的一大特色。塔希提台灯采用涂漆金属制成，颜色鲜亮，包括肉粉色、深红色和明黄色，底座采用索特萨斯设计的“细菌”塑料层压板。它具有引人注目的人文特质和孩子般的纯真，至今仍使用最初的阿倍特层压板生产。

SINDBAD (118) LOUNGE CHAIR

辛巴达休闲椅（118型）

维克·马吉斯特拉蒂（Vico Magistretti）

1981

马吉斯特拉蒂受到英国马厩美景的启发，设计了一款钢结构的休闲椅，配以黑色漆面木底座，外覆让人联想到传统羊毛马毯的彩色布料。马吉斯特拉蒂为意大利卡西纳家具公司（20 世纪 50 年代末以来，马吉斯特拉蒂一直与该公司定期合作）设计的辛巴达系列产品还包括一款沙发、脚凳和月牙形橡木面咖啡桌。这些布面家具有的以黄色搭配黑色人字斜纹边饰，还有大胆的绿色搭配红色边饰，以及红色搭配海蓝色纯棉绑带的款式。这些面料看似随意放置，实际上用了两个纽扣进行固定。

FLOWER VASES
花朵花瓶

马尔科 · 扎尼尼（Marco Zanini）

1982

颜色大胆的抽象花朵作为这些花瓶的顶部装饰，就像香槟瓶上的瓶塞一样，完全替代了真实的花朵。这些花瓶分别以世界上的三个大湖命名：贝加尔湖、坦噶尼喀湖和维多利亚湖（本页展示的是后两者）。它们是为参加 1982 年米兰家具展的孟菲斯系列设计的，随后同年在纽约的展览中完成了首次国际亮相。这些花瓶是由转制的上釉陶瓷制成的，都有着淡紫色的色调，但是形状和高度各不相同（从 48 cm 到 65 cm 不等）。自 1982 年问世以来，这三款花瓶一直在生产中。

ROYAL CHAISE

皇家贵妃榻

娜塔莉 · 杜 · 帕斯奎尔（Nathalie Du Pasquier）

1983

这款贵妃榻的织物图案与层压板图案的组合非常复杂，与经典的懒人沙发设计形成鲜明对比。这种设计在很大程度上归功于杜·帕斯奎尔对西非蜡染和传统编织纺织品的迷恋，同时，她还为这款贵妃榻注入了漫画和涂鸦艺术的元素。尽管杜 · 帕斯奎尔最初为早期的孟菲斯系列贡献了织物和层压板图案设计，但到了1983年，她的作品开始涵盖地毯和家具。除了贵妃榻本身，杜帕斯奎尔还设计了其主要的织物面料（Cerchio）和带有图案的层压板（Craquelé），由阿倍特公司生产。腰垫和扶手的面料则由同为孟菲斯团体设计师的乔治 · J. 索顿设计。

CALLIMACO FLOOR LAMP
卡利马科落地灯

埃托·索特萨斯（Ettore Sottsass）

1982

索特萨斯设计的这盏 2 m 高的落地灯可能是以希腊雕塑家卡利马科斯（Callimachus）的名字命名的。据说，卡利马科斯设计了科林斯柱，并雕刻了雅典卫城埃列克特里厅里永久燃烧的黄金灯。虽然这盏落地灯并不能永久燃烧，却被称为“光之角”。这盏落地灯是在孟菲斯运动的巅峰时期为阿尔泰米德灯具公司设计的，其圆柱体和锥形结构采用了不拘一格的黄、红和灰色。现成的镀铬抽屉手柄——在移动或运输时很实用，但与产品整体完全不协调——以柔和的自嘲方式增加了杜尚式的元素，戏谑地模仿了它所参考的建筑物。在最近的升级改造中，落地灯的原始滑动调光器和钨丝灯泡被隐形触控调光器和 LED 灯取代。

SOFA WITH ARMS
扶手沙发椅

仓俣史朗（Shiro Kuramata）

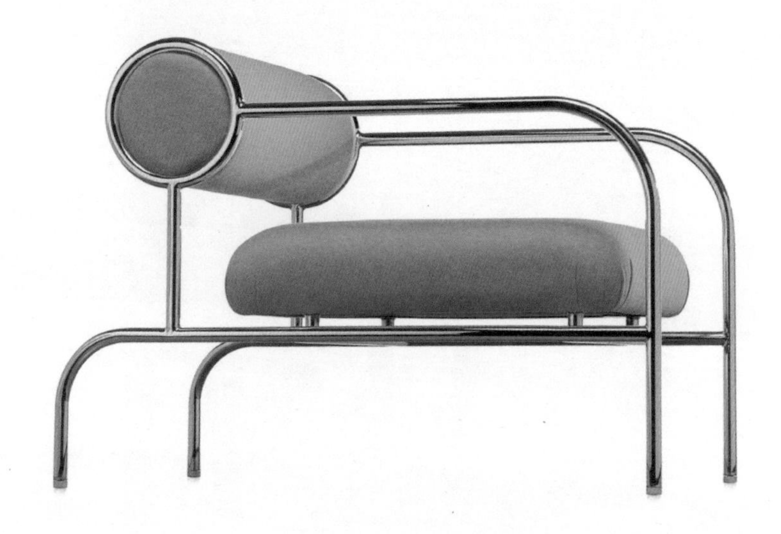

1982

仓俣史朗为他的朋友兼赞助人三宅一生（Issey Miyake）（仓俣史朗一直为这位时尚界偶像设计他遍及世界各地的店铺，直至1990年）设计了一款极简风格的椅子，这款椅子将结构精简至最基本的元素——一个镀铬的钢管框架和两个装饰元素：一个方形的座面和一个圆柱形的靠背。从侧面看，这款椅子呈现出强烈的二维外观，当多把椅子排成一排时，便形成了一个由扶手分隔的沙发，这种设计使靠背呈现出连续的效果。沙发椅的制造商卡佩里尼家具公司增加了黑色框架的选择，同时仍然保留了在该产品整体美学中发挥巨大作用的色彩鲜艳的织物。

SANCARLO ARMCHAIR
圣卡罗扶手椅

阿切勒·卡斯蒂廖尼（Achille Castiglioni）

1982

意大利德里亚德家具公司（Driade）委托三家著名的意大利建筑和设计工作室设计扶手椅，卡斯蒂廖尼给出的方案简洁而机智。圣卡罗扶手椅的座面和靠背由四个独立悬挂的垫子组成，这些垫子被置于一个钢管框架之间，使这款布艺扶手椅看起来非常轻盈。框架分为两部分，一部分构成前腿和扶手，另一部分构成后腿和高靠背。垫子可以是单色的连续织物或皮革，也可以选择四种渐变颜色。此外，还有一款只有三个垫子的双人沙发（因此靠背较低），这两款产品于2010年由意大利塔奇尼家具公司（Tacchini）重新推出。

ALBERO FLOWERPOT STAND

树形花盆架

阿切勒 · 卡斯蒂廖尼（Achille Castiglioni）

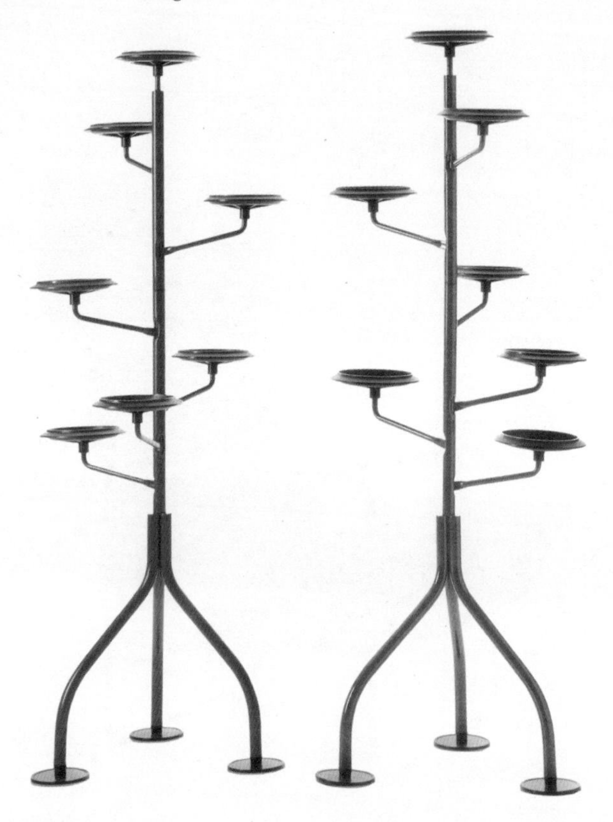

1983

树形花盆架像一个高 1.5 m 的人，在家居环境中展现出独特的魅力。最初，它有浅蓝色、粉红色、深红色、绿色、黑色和白色几种颜色，自 2018 年由扎诺塔公司重新推出以来，颜色已经精简至四种。花盆托以黑色塑料为端点，能旋转 120°，既方便种植不同大小的植物，也便于调节阳光照射的角度。三脚架底座设计使它在贴墙放置时能节省更多空间，而且整个花盆架是可拆卸的。设计灵感来源于卡斯蒂廖尼兄弟 18 年前设计的登月花园椅（第 79 页），两者都拥有太空时代的独特韵味。

ZYKLUS ARMCHAIR
“圆”扶手椅

彼得 · 马利（Peter Maly）

这个后现代设计以圆形元素为基础（Zyklus 在德语中意为“周期”或“圆”），是马利将自己对包豪斯钢管家具的喜爱与孟菲斯团体中大胆的几何元素相结合的结果。马利本人也是孟菲斯运动的成员之一。这款扶手椅是为德国品牌 Cor 设计的，色彩丰富，可以选择单色或双色（头枕采用其他颜色），搭配镀铬或涂漆框架。虽然电光蓝和镀铬框架是常见的选择，但早期作品展示了更多其他选择，如鲜艳的洋红色搭配紫色头枕，以及红色框架搭配黑色皮革。

1984

KETTLE 9093

9093水壶

迈克尔 · 格雷夫斯（Michael Graves）

1985

格雷夫斯为他的炉顶鸣笛水壶选择了柔和的蓝色，这种颜色在阿莱西家居品牌中大受欢迎，以至于这种颜色在该意大利品牌的其他后续产品中经常出现。格雷夫斯运用了后现代主义的常见元素，如圆锥、圆圈和球形，但这款水壶的独特之处在于它的模制聚酰胺鸟鸣器。该产品自推出以来，已经售出了超过 200 万个。尽管这款水壶也有白色或黑色可选，但天蓝色和酒红色的搭配却是其标志性的版本，这种搭配与这位纽约建筑师兼设计师的名字永久地联系在一起。

THINKING MAN’S CHAIR

思考者之椅

贾斯珀 · 莫里森（Jasper Morrison）

1986

思考者之椅早期限量版只涂了防锈底漆，但这个颜色已成了该设计的标志性色彩。在设计的时候，莫里森在手工为椅子喷涂红色氧化铁后，觉得它看起来“有点粗糙”，于是用粉笔标注出每条金属曲线半径的尺寸，然后用发胶将这些数字固定在椅子上。这款椅子是基于一把去掉了坐垫的古董扶手椅设计的，由 22 块管状和条状钢材构成。它于 1989 年发布，是莫里森为卡佩里尼家具公司创作的 30 多个设计中的第一个。尽管这款椅子也有柔和的绿色、灰色和白色可供选择，但只有这款底漆颜色的椅子上是手写的尺寸。

FELTRI (357) ARMCHAIR
国王扶手椅

加埃塔诺 · 佩谢（Gaetano Pesce）

1987

当佩谢在香港街头散步时，他观察到雨水落在毡垫上的效果，突然产生了国王扶手椅的概念。这把椅子就像一床巨大的被子，紧紧地包裹着坐在上面的人。它由一张厚重的羊毛毡裁剪而成，外部形状能够自我支撑，这要归功于佩谢的实验。他通过在某些部位浸泡树脂，成功地创造了坚硬和柔韧的区域。柔软的、像被子一样的内侧部分通过麻绳系扣固定。除了具有国王宝座的形态外，无论是高背版本还是低背版本，这款扶手椅在颜色上都有多种选择，用户可以选择相同色调或对比色组合。

FELT CHAIR
毛毡椅

马克 · 纽森（Marc Newson）

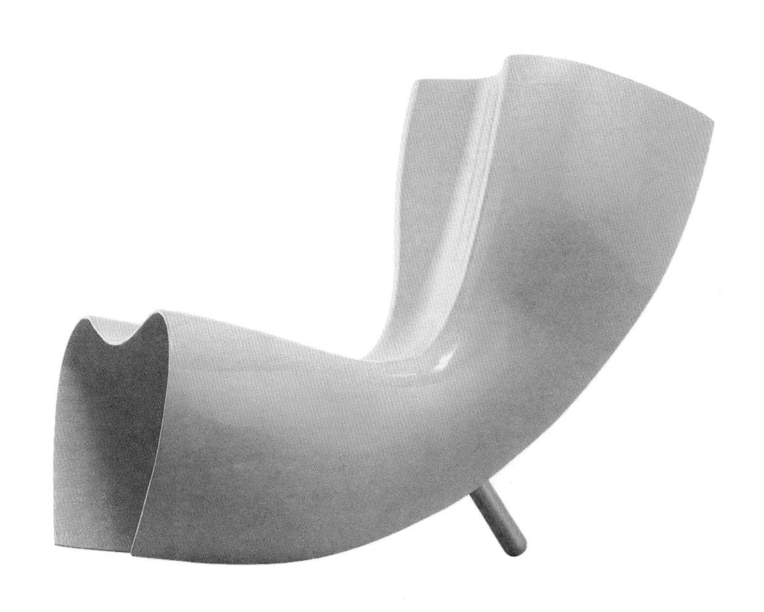

1989—1993

这款椅子最初是为日本 Idée 公司设计的，其特点是采用薄薄的玻璃纤维材料，夹在两张工业毛毡之间。然而，这款椅子后来经历了几次根本性的变化。纽森的设计灵感来源于德国艺术家约瑟夫 · 博伊斯（Joseph Beuys）的作品，这位艺术家经常使用毛毡材料进行创作。但是，这个设计在放弃使用毛毡材料，并以两种相对形式来自由地表达自己时，才真正焕发出生命力。具体来说，就是一种拥有高度质感的手工编织藤蔓版本（由 Idée 公司从 1990 年开始生产），以及这种光滑、有光泽且色彩鲜艳的玻璃纤维版本（自卡佩里尼家具公司从 1993 年开始生产）。

BIRD CHAISE
鸟形贵妃榻

汤姆·迪克森（Tom Dixon）

1990—1991 汤姆·迪克森在伦敦南部的工作室首次设计并制作了这款鸟形贵妃榻，最初采用了钢材。意大利家具品牌卡佩里尼很快看中这款设计并获得授权。随后，鸟形贵妃榻以纯色和彩色织物的版本重新设计并发布，颜色通常是深蓝色，也有红色、橙色和紫色等可供选择。与传统的躺椅不同，这款设计产品独特的形状使其能够在底部隐藏的小塑料垫上轻轻地前后摇晃。虽然贵妃榻的形状像一只鸟，但它的结构相当传统，使用纤维板、木材和金属构成框架，外部包裹着泡沫填充物，紧密包裹外部的套子用拉链固定。现在，汤姆·迪克森自己的公司再次生产了这款鸟形贵妃榻，并提供许多明亮的颜色以供选择。

GETSUEN CHAIR

花瓣椅

梅田正德（Masanori Umeda）

花瓣椅的椅背采用天鹅绒面料，效仿花瓣细腻、柔软的质感，同时呈现出对大自然和后现代主义的双重致敬，也是对全球工业化快速发展的反思。椅背上的花朵图案在座位上以缝线和扣花的形式呈现，象征着花蕊，而椅子后部的第三条腿则代表风格化的茎秆，配有类似滑板上的青绿色轮子。这个设计略显不协调，但解决了移动这种形状独特的大型椅子的实际需求。花瓣椅有 22 种精致的颜色可供选择，从大地色系的灰褐色到森林绿色和各种深浅不同的蓝色，但鲜红色仍然是最受人们喜爱的选择。

1990

TROPICAL RUG
热带风情毛毯

奥塔维奥 · 米索尼（Ottavio Missoni）

约1990

意大利设计品牌米索尼（Missoni）与色彩密不可分，这款手工编织的羊毛毛毯就是其色彩丰富性的最好例证。它展示了以大胆用色和几何图案为特点的韵律性构图，充分体现了欧洲前卫艺术对其设计的影响。自 1953 年由米索尼夫妇（Ottavio and Rosita Missoni）创立以来，这个意大利时装品牌一直受到欧洲前卫艺术的影响，包括抽象艺术家索尼娅 · 德劳奈（Sonia Delaunay）、瓦西里 · 康定斯基和保罗 · 克利（Paul Klee），以及未来主义者贾科莫 · 巴拉（Giacomo Balla）等。奥塔维奥通常会以在方格纸上绘制草图来开始进行他的毛毯设计，以探索颜色的并置和形状的重复，最终演变成手工编织的毛毯。

PYLON CHAIR

高压线铁塔椅

汤姆·迪克森（Tom Dixon）

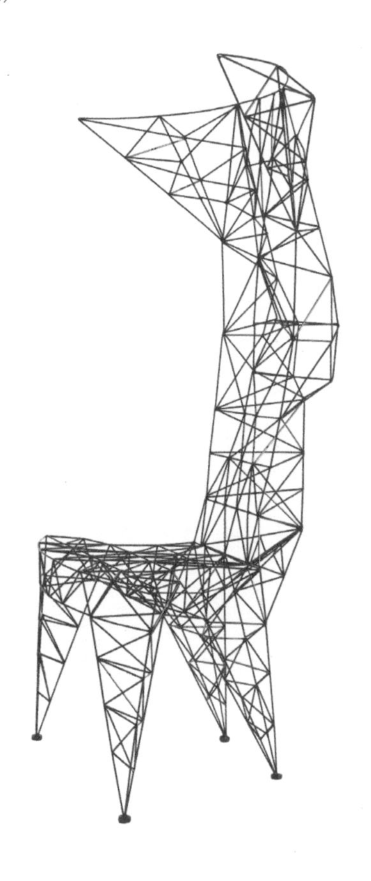

1991

高压线铁塔椅的设计初衷是制造世界上最轻的金属椅，其设计通过三角形的构图来强化，使用直径 3 mm 的钢杆构建出吸引人眼球的骨架结构。在 20 世纪 80 年代中期，迪克森对焊接技术充满了热情，并凭借他自身的能力，第一年就制造了 100 把这样的椅子。最初，该设计的产量较少，只有钢材本色的版本，后来增加了多种颜色（包括蓝色植绒版本）。高压线铁塔椅在 1992 年被卡佩里尼家具公司采用，仅有明亮的橙色版本，并因此被大家所熟知。2017 年，迪克森的公司又重新推出了这款椅子，现在只提供宝蓝色或白色的版本。

DOUBLE SOFT BIG EASY SOFA

BIG EASY双人软沙发

罗恩 · 阿拉德（Ron Arad）

1991

这件富有活力的作品展示了将限量版艺术品转变为可大规模生产的家具的可能性。帕特里齐亚 · 莫罗索（Patrizia Moroso）作为家族家具公司的新任艺术总监，找到了定居伦敦的以色列设计师阿拉德，请他基于“Big Easy”——阿拉德在 20 世纪 80 年代末在米兰展出的一系列抛光不锈钢雕塑作品——创作一个全新的家具系列。1991 年，莫罗索发布了阿拉德的“春季系列”，这个系列使用了人们更容易接受的材料，如旋转模塑聚乙烯和聚氨酯泡沫。每个产品的名字中都增加了“Soft”一词，如“Soft Big Easy 扶手椅”和“Soft Heart 摇椅”。这个系列提供了丰富的颜色选择，但钴蓝色和鲜红色仍然是最具有代表性的颜色。

VERMELHA CHAIR

缠绕椅

坎帕纳兄弟（Fernando & Humberto Campana）

1993

“向混乱致敬”[10] 是巴西设计师洪贝托 · 坎帕纳对缠绕椅充满诱惑性的描述。在路边摊购买了大量绳子后，洪贝托和他的兄弟费尔南多将这些绳子堆放在工作室的桌子上，他们立刻意识到，这团混乱的绳子将成为设计一把椅子的起点。最终的设计由 500 m 长的红色棉绳松散地编织在钢架上而成。意大利艾德拉家具公司（Edra）自 1998 年开始生产缠绕椅，每张椅子的制作时间约为 50 小时。这款产品虽然也有银色、金色和黑色绳子的版本，但最早的红色版本仍然是消费者的首选。

ORBITAL FLOOR LAMP
轨道落地灯

费鲁乔·拉维亚尼（Ferruccio Laviani）

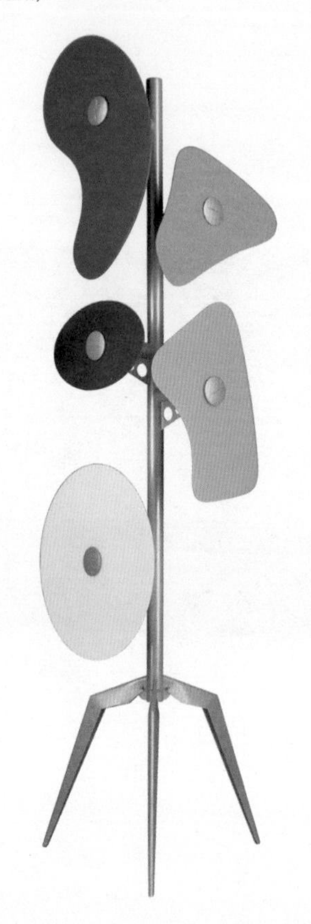

1992

这是拉维亚尼在 20 世纪 90 年代推出的一款非常成功的落地灯，首次亮相的轨道落地灯在设计上融合了建筑高科技和多彩复古风格。它的工业玻璃灯罩的形状就像艺术家的调色板，让人联想到亚历山大·考尔德（Alexander Calder）雕塑中的图案。这些灯罩采用了鲜艳的色彩，并在一侧进行丝网印刷，以减少光源产生的刺眼光线，并且用一个白色圆盘来抵消光线。支撑这个多彩组合的铝质结构的设计灵感来自摄影师使用的照明灯具支架。这款落地灯被誉为设计经典，目前被永久收藏在纽约现代艺术博物馆中。

BOOKWORM SHELF
书虫书架
罗恩·阿拉德（Ron Arad）

1993

重新定义一个完整的家具类型是一项艰巨的任务，但阿拉德以巧妙的方式成功完成了这一任务。他设计了名为“书虫”的灵活书架，它具有集成的书挡，可以按照无数种形式进行安装，并产生戏剧性的效果。这款书架最初使用了弹簧钢材质，并以限量版的形式呈现，但在 1994 年，卡特尔家具公司采用 PVC 挤出板开始批量生产。尽管酒红色是最受欢迎的颜色，但也有粉红色、蓝色和黄色可选，此外还有更多建筑风格的灰色、黑色和白色的表面处理方式。书虫书架有 3.2 m、5.2 m 和 8.2 m 三种长度可供选择，卡特尔家具公司每年销售的书虫书架连起来长度近 800 km。

VILBERT CHAIR
维贝尔椅

维纳尔 · 潘顿（Verner Panton）

1993

维贝尔椅看起来很像一种纸牌戏法，在颇具动态的几何形式中展现出了强大的吸引力。这款椅子是潘顿在 67 岁时设计的，本应成为瑞典宜家家居公司（IKEA）平板包装理念的终极诠释。尽管在瑞士本土制造会令产品成本高昂，但宜家还是决定投入生产。这款设计仅由 4 块覆盖着层压木板的小型板材组成，通过螺丝连接在一起，有两种颜色可选择：一种是蓝色背部和红色座面；另一种是紫色背部和蓝色座面。然而，宜家对潘顿晚年的设计所投下的赌注并未得到回报，这款椅子仅生产了 3000 把，并在不到一年里就进行了降价处理。

EUCLID THERMOS JUG
欧几里得保温瓶

迈克尔 · 格雷夫斯（Michael Graves）

1993

这个可爱的鸭形保温瓶是欧几里得厨房用品系列中的一款，该系列还包括沙拉碗和餐具、餐巾盒、托盘、瓶架 / 冰桶、厨房纸巾架和储物容器等。虽然格雷夫斯是一名建筑师，但他因设计意大利阿莱西公司的 9093 水壶（第 142 页）而享誉国际，该设计于 1985 年发布。欧几里得系列产品在将近十年后才投入生产，保留了格雷夫斯对后现代形状，如球体和立方体的热情，但使用了多种颜色的模塑 ABS 塑料，如日出黄搭配日落橙、花园绿搭配午夜蓝，以及格雷夫斯红搭配格雷夫斯蓝（最后两种颜色是以他设计的水壶使用的颜色命名的）。

ALESSANDRA ARMCHAIR

亚历山德拉扶手椅

哈维尔 · 马里斯卡尔（Javier Mariscal）

1995

借鉴了同为西班牙人的画家胡安 · 米罗（Joan Miró）和美国雕塑家亚历山大 · 考尔德所创造的颜色丰富的生物形态，马里斯卡尔通过引入不对称的扭曲形状和印花织物，重新设计了经典的扶手椅。这款椅子由意大利莫罗索公司（Moroso）制造，提供多种配色版本。其中，明亮的橙色、红色和黄色斑点与钴蓝和青绿相互交错，形成绚丽多彩的视觉效果，同时也有简约的黑白色调可供选择。作为艺术家、设计师和漫画书绘者，马里斯卡尔运用拼贴技术，通过剪切、调整形状，最终在椅子表面找到了完美的平衡。

STITCH FOLDING CHAIR
缝合折叠椅

亚当 · 古德勒姆（Adam Goodrum）

1996

缝合折叠椅的卓越之处在于它可以平整地折叠起来，且展开后其外观丝毫不受影响。古德勒姆设计这款椅子是为了应对现代环境中日益缺乏空间的问题。他用天然阳极氧化铝板制作了原型，以完善折叠机制。为了让椅子更具吸引力，他决定将它的十个独立部件分别喷涂成十种不同的颜色，将这个巧妙的节省空间的椅子转化为功能性的动态艺术品。这种多彩的设计突出了接缝线沿线的“缝合”外观。从 2008 年开始，卡佩里尼家具公司简化了喷涂过程，并推出了一款采用六种蒙德里安风格配色的版本，仍然保留了原型的精神特质。

DISH DOCTOR
餐具架
马克·纽森（Marc Newson）

1997

纽森打破了“红绿无法搭配”的规则，创作出一款极具未来感且使用体验极佳的作品，将洗碗这种家务活儿提升到了充满活力的新高度。无论是单件制作还是批量生产的产品，富有表现力的曲线形式一直是纽森作品的一大特色。在这里，通过注塑成型的两个聚丙烯半圆彼此扣合，构成了餐具架驳船一样的圆润外形。这款设计预示着即将到来的数字时代，它直接由CAD设计转化而来，不需要任何实体原型。甚至连包装也是由纽森设计的，上面展示了产品在计算机中生成的蓝图。对那些对红色和绿色有所顾虑的人来说，也可以选择蓝色和白色搭配的款式。

MAGO BROOM
马戈扫帚

斯特凡诺·焦万诺尼（Stefano Giovannoni）

1998

这款扫帚的魅力在很大程度上来源于其有趣的颜色搭配。值得一提的是，马戈扫帚还是第一把能够独立站立的扫帚，这一特性也令人印象深刻。此外，意大利设计师焦万诺尼还添加了一个与扫帚相配的壁挂钩，使得扫帚可以整洁有序地存放。马戈扫帚由气模聚丙烯制成，并加入了玻璃纤维进行加固，有七种颜色组合可供选择，每种组合都对比鲜明，颇具吸引力。同时，它的刷毛也可以更换，为使用者提供更多颜色搭配的可能性。无论是选择紫红色和橙色的搭配，还是选择蓝色与黄色的组合，马戈扫帚都为日常的功能性清洁工作增添了一份乐趣。

iMAC G3
G3苹果牌一体机

乔纳森 · 伊夫（Jonathan Ive）

1998

“抱歉，没有米色。”苹果公司用一句简单的广告词推出了一款彻底改变计算机行业的产品。它用色彩丰富、泪滴形状的半透明聚碳酸酯外壳取代了过去一成不变的单色盒子，让计算机不再乏味。这款 G3 苹果牌一体机是当时苹果公司的首席设计师乔纳森 · 伊夫拥有绝对自主权的成果，它的推出为陷入困境的公司注入了新的活力。这款产品最初以邦迪蓝色发布，取得了惊人的成功，在四个半月内销售了 80 万台——平均每 15 秒就售出一台。因此，苹果公司在 1999 年初推出了五种暗示不同的“口味”的颜色——酸橙色、草莓色、葡萄色、柑橘色和蓝莓色，以满足不同消费者的需求。

RAINBOW CHAIR
彩虹椅

帕特里克·诺尔盖（Patrick Norguet）

1999

将亚克力树脂板拼接成多彩透明座椅的过程并不简单，法国设计师诺尔盖为此进行了一年的试验。最终，通过五轴数控加工、超声波焊接和镜面抛光等工艺，座椅外观达到了无缝效果。色彩渐变呈现美妙的不规则性，这是通过不同厚度的板材实现的。对于诺尔盖来说，将浓烈的色彩与超简约椅子的克制形式相结合是其设计理念的基本要素之一。

CHAIR_ONE
一号椅

康斯坦丁·格尔齐茨（Konstantin Grcic）

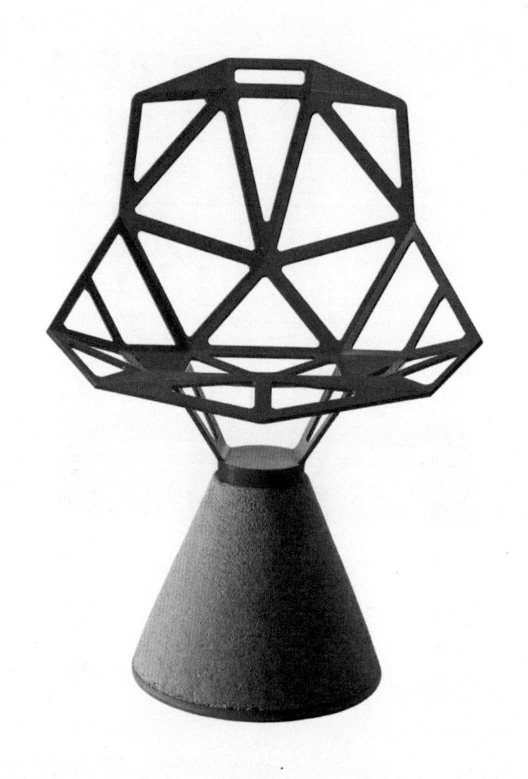

1999—2004

虽然这款椅子的名字很简单，但其设计过程却非常复杂。五年里，设计师开发了超过 27 个原型。在意大利玛吉斯家具公司（Magis）创始人欧金尼奥·佩拉扎（Eugenio Perazza）的鼓励下，格尔齐茨选择利用铸铝结构来设计这款椅子。他以足球为灵感，将足球的缝线转化为金属线条，将平面转化为空洞。这款椅子以可叠放的四腿形式更加广为人知，其锥形的混凝土基座与骨架座面在椅子整体设计中形成了一种迷人的对比。现在，一号椅有六种颜色可供选择，包括蓝绿色和灰绿色，但最早的红色版本仍然最能表达设计师独特的概念。

DOMBO MUG
大耳朵儿童杯

理查德 · 胡滕（Richard Hutten）

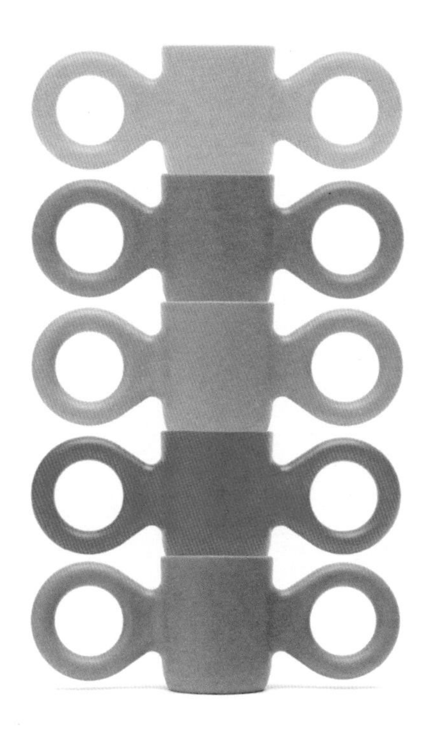

2000

这个设计最初的名字是 Domoor，是由两个荷兰单词“dom”和“oor”组合而成的。“dom”的意思是“愚蠢”，“oor”的意思是“耳朵”。后来，这个设计被普遍称为 Dombo，以暗指迪士尼动画片中的角色大耳朵小象。胡滕为他的第一个孩子设计了这款杯子，两个超大的手柄强调了喝水的动作，以方便孩子学习使用杯子喝水。不过，这个简单的想法实际上很难实现，因为实心手柄和薄壁杯子在材料中所需的聚丙烯量不同。荷兰 Gispen 家具公司接受了这个挑战。该产品自 2002 年推出以来，已经以丰富的颜色销售了超过 100 万个。

海拉 · 荣格里斯
Hella Jongerius

海拉·荣格里斯在荷兰设计学院开始她的学业时，曾表示自己永远不会成为织物设计师，因为她的母亲正是从事样板制作工作的。尽管在职业生涯的头十年里，她坚决抵制了织布机的诱惑，并坚持在1993年创立的鹿特丹工作室设计三维产品，然而，她对色彩和质感的探索最终促使她在2002年为纺织业巨头马哈拉姆设计了一种名为Repeat的织物。

这种对织物的构造以及通过叠加和并置单根线材来创造新色彩的方式的持续迷恋，开启了荣格里斯的创作之路。如今，她已经为马哈拉姆、丹斯金纳（Danskina）和克瓦德拉特公司等国际公司创作了近40种织物和地毯。

但真正将她本已相当卓越的声誉提升到全新高度的，是她对色彩的深厚理解。2005年，她为维特拉设计的具有革命意义的波尔德沙发（第168、169页），采用了四种配色方案（红色、绿色、棕色和中性色调），每款沙发都由六种精心挑选的、色调和质地稍有不同的织物装饰组成。这一彻底突破传统沙发设计理念的成果让维特拉家具公司意识到公司需要一位专家，能为公司的产品提供独特的色彩和材料建议。

十多年来，荣格里斯一直担任维特拉家具公司的色彩和材料艺术总监，不断丰富和完善这家瑞士公司的色彩库和材料库，为其经典产品设计出全新的配色方案，并为当代设计师挑选出合适的特定色调。

这些色彩选择并非简单粗暴地强加在各种物体上。诸如伊姆斯夫妇以及让·普鲁韦等杰出设计师的标志性产品是在对原始色彩进行深入探索后得出的结果；而对当代作品而言，色彩的选择源自对不同光线条件下特定形状的细致评估。例如，荣格里斯发现灰色和浅蓝色通常在贾斯珀·莫里森设计的产品中表现优异，而布卢莱克兄弟（Ronan & Erwan Bouroullec）的作品则更倾向于使用绿色和红褐色。

这种对色彩如何受到光线变化细微影响的兴趣构成了她工作方法的显著特点。尽管潘通、NCS等机构已经建立了精确复制色彩的系统，但荣格里斯却认为自己是在反抗“传统色彩行业的单调乏味”[11]。

她在所有的作品中追求的都是个性，以及让工业制品具备手工制作品的温暖和特质。她最近为维特拉家具公司设计的蝴蝶沙发（Vlinder Sofa）展现出手工制作的鲜明特征，其外罩织物采用了精致的抛物线形图案，像一件元素丰富的现代壁毯，与之搭配的波维斯特圆墩脚凳（Bovist Pouf）则展现出令人愉悦的手工刺绣外观。从充满活力的彩色花瓶到全白的B-Set餐具，她的陶瓷作品以微妙的差异和不完美之处格外引人注意。

她的设计中的关键是丰富性和复杂性，荣格里斯经常用这些词来描述工业过程得以摆脱标准化束缚时所带来的积极体验。而所有设计的核心是她对色彩的深刻理解。

她认为：“色彩的体验完全依赖于其物理、视觉、艺术和文化背景。不同的人、不同的物体表面和形状，以及在不同光线条件下，色彩都会有所不同，因此，色彩具有神秘且千变万化的特质。”[12]

从右上角起顺时针：

蝴蝶沙发（浅红色版本），2018—2019 年

波维斯特圆墩脚凳（陶瓷版本），2005 年

工人椅（Worker Chair），2006 年

自制的长颈带凹槽花瓶（Long Neck and Groove Vases），2000 年

重复圆点印花织物（Repeat Dot Print Fabric），为马哈拉姆公司设计，2002 年

对页：

海拉·荣格里斯在柏林工作室，2018 年，照片由罗埃尔·凡·拖艾尔（Roel van Toer）提供

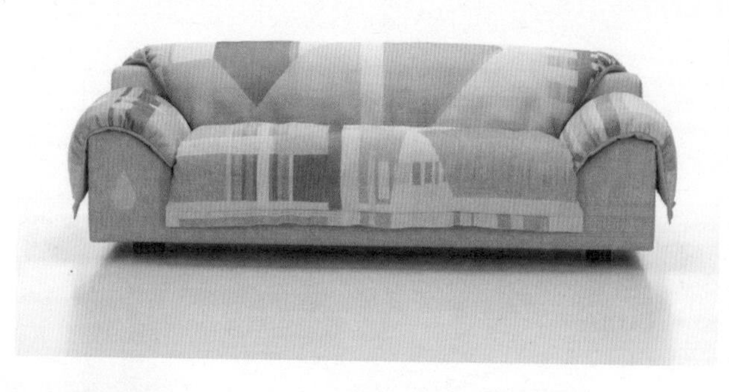

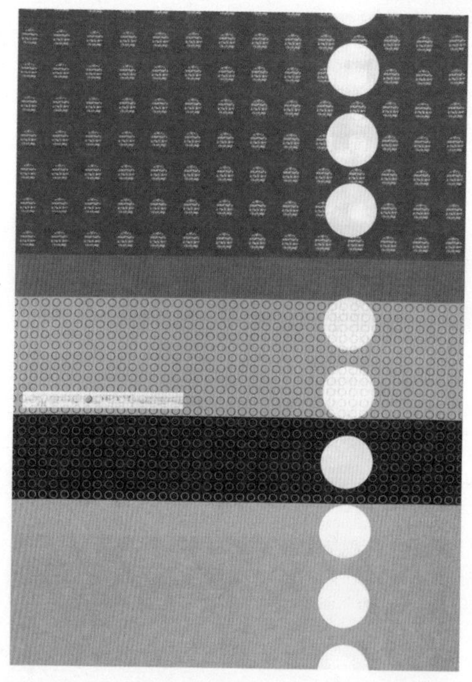

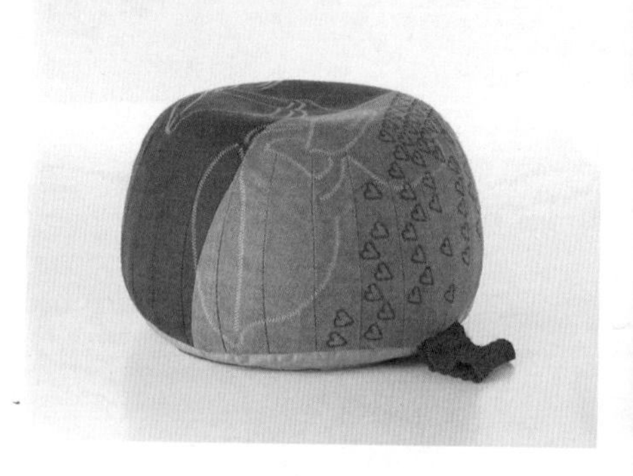

HELLA JONGERIUS
海拉·荣格里斯

波尔德沙发（Polder Sofa）（2005）

这款沙发以荣格里斯的祖国荷兰的一处洼地命名，它呈现出一种俯瞰棋格盘景观的效果，这种效果在宁静的绿色色调的衬托下更加强烈。经过无数个小时的观察，荣格里斯了解了各种材料如何相互作用，并选择使用来自多个纺织品公司的六种面料来包覆波尔德沙发，巧妙地将手工制作的纽扣点缀其中。这些织物的色调故意选择接近的，以传达一种微妙、复杂的感觉。在 2015 年推出的新版波尔德沙发中，荣格里斯还创造了一系列柔和的淡彩色调，以增添更强烈的红色、夜蓝色、绿色和金黄色调。

ORG TABLE
ORG桌子系列

法比奥 · 诺文布雷（Fabio Novembre）

2001

这是神奇的发明还是巧妙的幻觉？透明的玻璃台面似乎凭空悬浮，仅仅由红色的绳索海洋承载着。ORG 是由卡佩里尼家具公司精心打造的桌子系列。产品有圆形、正方形和长方形等不同形状，尺寸和高度各异，既可以作为咖啡桌使用，也可以作为边桌或餐桌使用。钢制桌腿外部包裹着编织聚丙烯套管，巧妙地隐藏在红色的绳索之间。这些绳索从桌面底部悬垂下来，让整个设计散发着一种微妙而令人不安的触手般的感觉。更刺激的是，设计师还选用了红色作为主色调。该桌子系列共有八款（OG/1 至 OG/8），还提供黑色和白色款式。

VICTORIA AND ALBERT SOFA
维多利亚和阿尔伯特沙发

罗恩·阿拉德（Ron Arad）

2000

维多利亚和阿尔伯特博物馆在2000年举办了阿拉德作品回顾展，这款沙发以博物馆名字命名，以表致敬，同时诠释了阿拉德跨越了设计、建筑、雕塑和装置艺术的创作理念。这款沙发也是受莫比乌斯环以及“一笔画”启发的莫罗索系列产品的一部分。虽然阿拉德的设计是概念上的模拟，但他是最早使用快速原型制作技术来完善工业生产造型的设计师之一。这款沙发通常采用鲜艳的红色、黄色或蓝色面料进行装饰——大胆的用色突出了设计的亮点，且不会让观者的视线转移变得复杂。

DIANA TABLES
戴安娜组合桌

康斯坦丁 · 格尔齐茨（Konstantin Grcic）

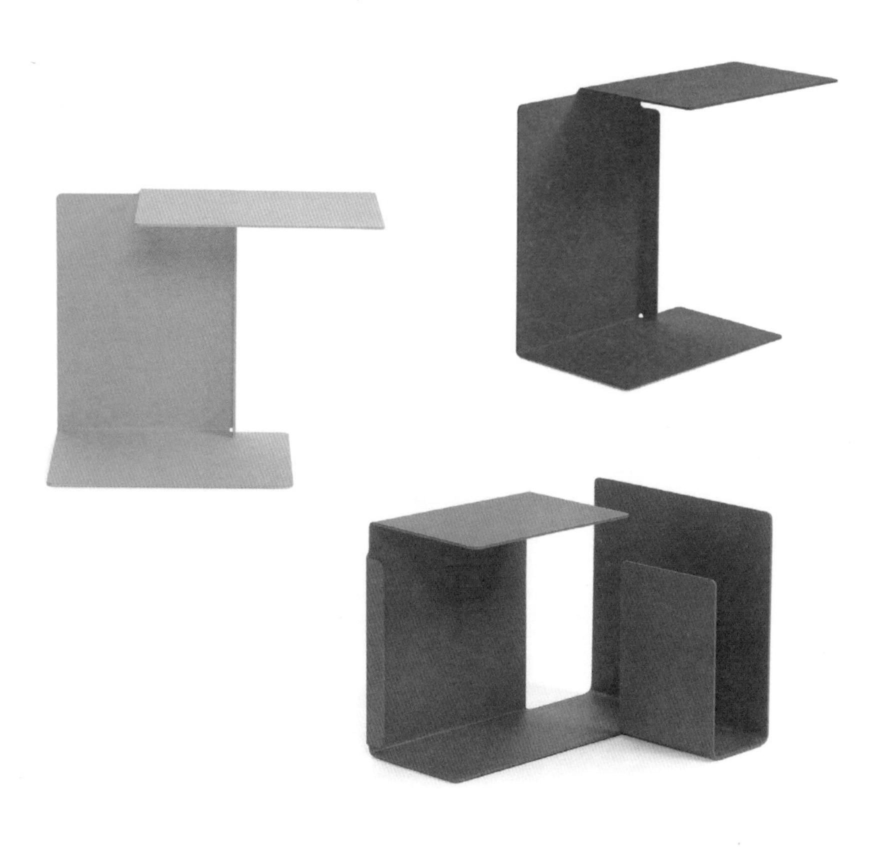

2001—2002

薄钢板不是一种特别引人注意的材料，但经过格尔齐茨的巧妙设计，在个性化的设计概念中焕发出生命的光彩。戴安娜组合桌系列像字母表中的字母一样，包括五个边桌（分别为 A、B、C、E 和 F 型号）和一个咖啡桌（D 型号），它们共同构成了一种令人眼前一亮的视觉语言。这些桌子是基于纸板模型开发的，完全依赖于切割和弯折技术。这个系列采用了如珊瑚红、蜜糖黄、海洋蓝等颜色的漆面，还有一些黑色、白色和较为素雅的颜色的漆面。在单独使用时，每一个都是一种独特的表达，而组合在一起时，则能产生丰富的语意。

CAMPARI PENDANT LIGHT
康帕利吊灯

拉法埃莱 · 切伦塔诺（Raffaele Celentano）

2002

自 1917 年杜尚首次提出“现成品”的概念以来，已经出现了许多现成品设计。然而，将十个康帕利苏打水的瓶子悬挂在光源周围，其独特的色彩和形态便催生了最简单、最轻松的设计之一。该设计是对这个意大利家喻户晓的酒水品牌的致敬，由摄影师拉法埃莱 · 切伦塔诺创作。康帕利吊灯仅有一种颜色——康帕利红，设计师利用瓶子的厚工业玻璃作为漫射装置，让光线变得柔和。吊灯上方的康帕利苏打水的瓶盖内隐藏了一个小型的高度调节装置，可以轻松地升降吊灯，以满足用户需要。

KRATTENKAST CABINET
板条箱橱柜

马克 · 凡 · 德 · 格伦登（Mark van der Gronden）

板条箱橱柜是格伦登在荷兰埃因霍温设计学院毕业一年后设计的，这个富有创意的储存概念以工业塑料板条箱为基础，呈现出绚丽多彩的特色。板条箱在高度、颜色和样式上各有千秋，它们被巧妙地用作抽屉，安置在一个未经加工的钢框架内。由荷兰兰斯维尔特家具公司（Lensvelt）制造的板条箱橱柜共有三种尺寸，均以宽 40 cm 的标准板条箱模块为基础。其中的两种为高型，宽度分别为一个或两个模块的宽度；另一种则为较矮的柜式设计，宽度为五个模块的宽度。由于回收站提供的板条箱在高度和颜色上各有不同，因此每个橱柜都有独特的个性，都充满了惊喜。

2003

CORALLO ARMCHAIR
珊瑚扶手椅

坎帕纳兄弟（Fernando and Humberto Campana）

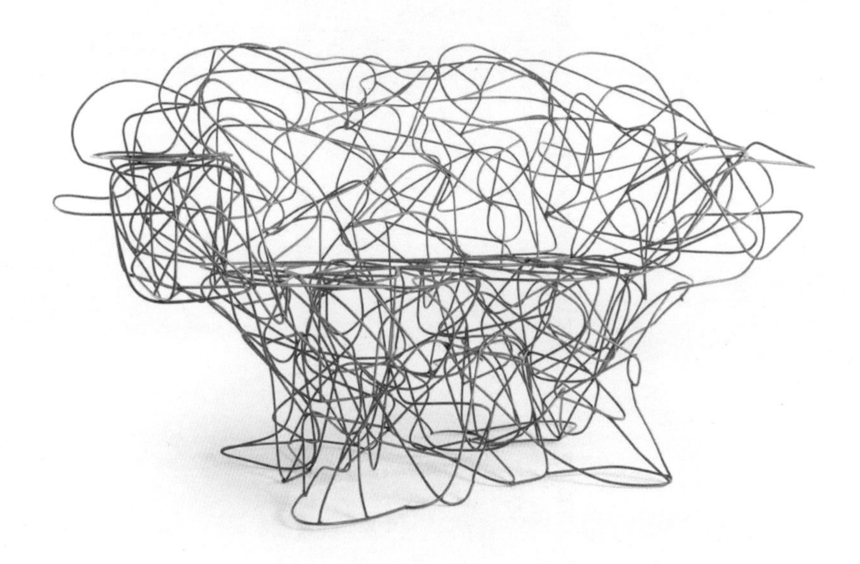

2003

这个看似一团橘色细绳的物体实际上是由不锈钢丝弯曲并焊接而成的，以工业化的方式展现了珊瑚惊人的复杂性。这件作品是由意大利艾德拉家具公司生产的。珊瑚的自然生长和形成分支是坎帕纳兄弟设计理念的起点。制作椅子和后期抛光大约需要一周，然后再涂上环氧聚酯漆。这款充满雕塑感的扶手椅功能性极佳，可供室内或室外使用，但只有橘色（最初的颜色）、白色和黑色三种选择。

VEGETAL CHAIR
植物椅

布卢莱克兄弟（Ronan and Erwan Bouroullec）

2004—2008

这是个简单但富有诗意的设计理念：打造一款看似能从地面生长出来的户外椅子。这一灵感来源于在瑞典出生的美国园艺师阿克塞尔 · 厄兰森（Axel Erlandson），他曾通过为树木塑形来制作家具和建筑雕塑。不过，当布卢莱克兄弟打算将这个概念应用到可商业化生产的聚酰胺材质的椅子上时，任务的挑战性急剧增加。经过四年的努力和无数次原型制作，他们成功地制造出了一把既舒适又可以堆叠起来的高强度椅子，同时还保持了植物般的特质。正因如此，这把椅子成了维特拉家具公司有史以来最复杂的产品。植物椅有六种抗紫外线的颜色，其中以砖红、仙人掌绿和巧克力色最能体现其设计理念的有机起源。

KAST STORAGE UNIT
卡斯特储物单元

马尔滕·凡·泽韦伦（Maarten Van Severen）

2005

泽韦伦以其对色彩和形式的克制态度而闻名，他通常只采用一种色调和一种材质。然而，这位比利时设计师在生命的最后几个月为维特拉家具公司设计的卡斯特储物单元中，却以一种在他的作品中很少见的方式引入了色彩，同时还使用了松木制成的海洋胶合板，以及他更喜欢的阳极氧化铝。卡斯特储物单元采用了模块化设计，三种不同款式的储物柜占地面积相同。最高的一款有深蓝色、森林绿色、黄色、粉红色、灰色和纯白色的滑动门可选。每款储物柜都将有色门与空间相结合，形成比例完美且充满活力的成品。

FRAME OUTDOOR SEATING
框架户外座椅

弗朗西斯科 · 罗塔（Francesco Rota）

2005

意大利设计师弗朗西斯科 · 罗塔将 20 世纪 30 年代英国设计师杰拉德 · 萨默斯（Gerald Summers）首创的板材椅子的概念进行了彻底的现代化。他采用铝板、绳索和不锈钢创造了一系列色彩丰富的户外座椅产品，框架开放且流畅。沙发、扶手椅、餐椅、长凳都配有厚垫子或薄而柔软的垫子，质感十足，同时整体设计仍然保持令人愉悦的极简风格。意大利宝拉 · 兰提家具公司（Paola Lenti）开发了一系列单色、双色和混色的绳索，以搭配该户外座椅系列作品。

LEAF PERSONAL LIGHT
叶片台灯
伊夫 · 贝阿尔（Yves Béhar/fuseproject）

2005

贝阿尔这位激进的思考者，带来了一种创新的雕塑艺术，它以极简的材料和前沿的 LED 技术为支撑。这款台灯是为传奇的美国赫尔曼 · 米勒公司量身定制的。叶片台灯具有 95% 的可回收利用率，由 37% 的回收铝制成，相比于同等效用的紧凑型荧光灯，其能耗降低了 40%。它提供了红色、白色、黑色和金属铝色四种颜色选择，搭配十个冷色调和十个暖色调的 LED 灯泡，这些 LED 灯泡可以分别用来提高工作效率或放松身心。同时，台灯还配备了一个触感极佳的调光开关。这款台灯在问世之初确实取得了成功，然而随着 LED 技术的迅速发展，很快就过时了，因此已经停产，但它的形式和概念仍然是技术发展史上的一个里程碑。

SMOCK ARMCHAIR
褶绣扶手椅

帕特里夏·奥奇拉（Patricia Urquiola）

2005

褶绣扶手椅以对时尚圈充满趣味性的借鉴，展示了帕特里夏·奥奇拉将古老工艺与现代工业设计完美结合的能力。这位西班牙设计师在可旋转底座上巧妙地添加了一个深碗状的座椅。她形容座椅给人的感觉如同棒球手套，外观看上去像一件背心。在这个基础上，奥奇拉又运用褶绣工艺（smocking，扶手椅也因此命名）制作出令人着迷的细节，在弹性纺织品发明之前，这种工艺一直被用来增加服装的弹性。这款扶手椅有 70 种克瓦德拉特公司生产的 Divina 面料和 35 种皮革可供选择，扶手部分覆盖着或相配或成对比颜色的皮革。底座的颜色包括东方红、粉笔白、可可棕、墨水蓝和黑色。

SHOWTIME MULTILEG CABINET
“表演时刻”多脚橱柜

海梅 · 阿永（Jaime Hayon）

2006

这位西班牙设计师在短短几周内便完成了从设计构思到制作样品，再到展示这一系列动作。他设计的橱柜是“表演时刻”系列的一部分，共有两款——一款是配有十二根精心制作的桤木柜脚的长条形边柜，另一种则是较为细长的方形橱柜，只有四根独特的柜脚。这些橱柜的设计灵感源自不同时代，包括路易十四时代、装饰艺术时代和包豪斯时代。柜脚可以随机安装在橱柜底部，这种设计十分新颖。最初在 2006 年的米兰家具展上，这款橱柜以引人注目的钴蓝色呈现给观众。除这种颜色之外，该橱柜还有红

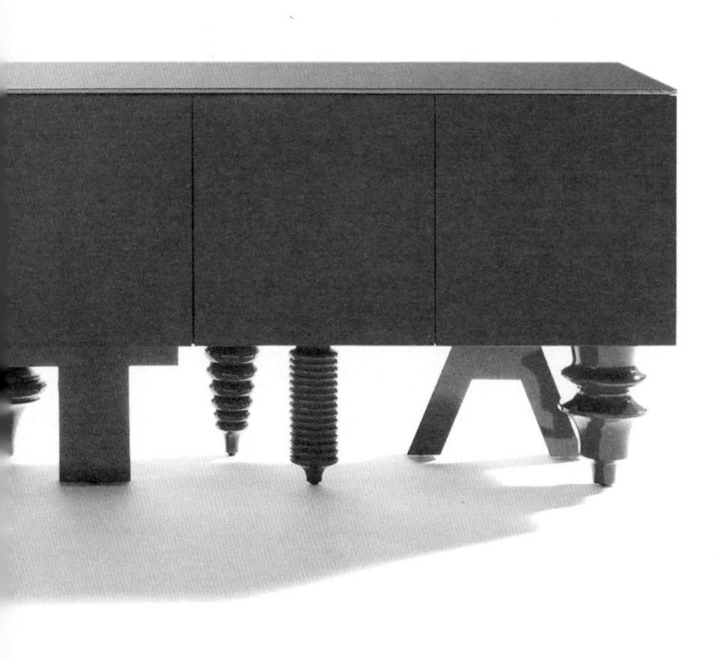

色、白色和黑色可选。橱柜内部采用亚光涂漆，外部则采用光泽漆饰面，使橱柜看起来极具现代感。

TWIGGY FLOOR LAMP
枝条落地灯

马克·萨德勒（Marc Sadler）

2006

枝条落地灯的设计灵感源自一根钓鱼竿，它优雅的弧形臂因采用了树脂和玻璃纤维材料而实现了柔韧度和强度的完美平衡。这种复合材料在灯罩（同样由玻璃纤维制成）的重量作用下形成自然弯曲，落地灯的技术性结构对用户来说是隐蔽起来的。虽然这款设计以红色、白色和黑色为主，但它是通过非传统的蓝色和黄色获得了大众认可，可惜后两者已经不再销售。这位出生于奥地利、定居米兰的设计师曾经说过，枝条落地灯就像一件鳄鱼牌（Lacoste）马球衫，每一种颜色都能赋予了它不同的个性。

MR BUGATTI COLLECTION

布加迪先生坐具系列

弗朗索瓦·阿藏堡（François Azambourg）

2006

鲜明的色彩运用是阿藏堡作品的重要组成部分。2006 年，他的布加迪先生坐具系列巧妙地致敬了汽车设计师布加迪父子（Ettore and Jean Bugatti）。这个系列的诞生源于一个试验，即向由锡制成的空心物体中注入聚氨酯泡沫。试验的结果是，空心物体就像一个扭曲的汽车车身，薄薄的金属出现了扭曲和皱褶。阿藏堡对这个效果非常满意，并开始尝试控制这一反应，以进行大规模生产。最终，他设计出了餐椅、扶手椅和高低凳，用有光泽的红色、黄色、天蓝色、灰色、黑色和白色油漆进行表面处理。

SLOW CHAIR
慢椅

布卢莱克兄弟（Ronan & Erwan Bouroullec）

2006—2007　“丝质紧身衣”和“家具”这两个词通常不会同时出现在同一个设计空间中，但是布卢莱克兄弟在寻找视觉上具有轻盈感，同时又很舒适的椅子的过程中，测试了多种“外观”，其中就包括这种看似不可能的服装。这就是他们设计的慢椅，其特点是在管状框架上覆盖了一层高科技针织物。这种半透明的针织物最初有四种色调：巧克力色、黑色、红白混合而成的粉色，以及棕色和奶油色混合而成的灰褐色。2014 年，维特拉家具公司又增加了蓝色和绿色的选择，每种颜色都有与之相配的坐垫、腰垫和小靠垫。

SHOWTIME VASES
“表演时刻”花瓶

海梅 · 阿永（Jaime Hayon）

2006

与海梅 · 阿永的许多作品一样，这款雕塑花瓶极富个性：无论是纯白色还是丰富的高光色调，还有设计师为这些色调取的吸引人的名字——拿破仑蓝、电光黄和火神灰，这些花瓶都充分展现了设计师的独特风格。海梅 · 阿永对街头涂鸦、日本玩具、复杂的形状、丰富的颜色的热爱，以及他独特的幽默感（花瓶的头部可以弹出，以便注水），都贯穿于他的设计之中。这些花瓶造型独特，有的形似机器人，有的如同动物小雕像，它们是为西班牙 BD 巴塞罗那家具设计公司设计的，是一个大型家居用品系列的一部分。这个系列还包括带有不同形状的柜脚的橱柜和几款椅子。

IRIS TABLE
鸢尾花桌

巴伯 & 奥斯格比工作室（Barber & Osgerby）

2007—2008

以色彩作为设计对象的绝对出发点的情况并不常见，但在巴伯 & 奥斯格比工作室设计的鸢尾花桌中，色彩却是决定性的因素。在经过数月的对色彩、材料和工艺的研究与探索后，设计师才开始考虑桌子的形状。

这个工作室在 2007 年受英国 Established & Sons 家具公司的委托，为其在伦敦的新画廊设计限量版产品。对于爱德华 · 巴伯（Edward Barber）和杰伊 · 奥斯格比（Jay Osgerby）来说，这是一个不寻常的委托，它没有对功能、形式或成本施加任何限制。他们决定通过研究他们感兴趣但尚未充分探索的主题和工业流程来完成这项任务，而色彩则是他们首要考虑的因素。

他们的设计理念主要围绕着对色轮的个人诠释，这是一种纯粹基于直觉的色调组合。鸢尾花桌的设计参考了从眼睛瞳孔中放射出来的颜色效果，它是由一系列不同颜色的铝片组成的圆形咖啡桌和边桌。每个铝片都是通过阳极氧化工艺上色的，这种工艺不同于普通的油漆涂饰，它将颜色融入金属，而不只是将其涂在金属表面。然而，这种精确的色彩效果需要高水平的工艺才能实现。

这个要求非常重要——设计师认为，为了让这些产品能够符合其限量版的身份（只有五种款式，每种 12 件），设计的每一个方面都应该突破正常工业生产的上限。鸢尾花桌的部件对数控加工精度要求非常高，即使是一些科学仪器制造商也难以达到。

每张鸢尾花桌都有自己独特的外形（对页图片所示的是鸢尾花桌 1200），设计围绕着色彩构成的个性。为了保持底座颜色的纯度，台面采用了特殊的低铁玻璃。

鸢尾花桌是绝对精确、毫不妥协的典范，它汇集了严谨的技术、精湛的工艺和细腻的色彩感觉——从铝材加工到阳极氧化处理的多种色调，无不展现了这一点。

MOTLEY OTTOMAN
杂色软垫凳
唐娜·威尔逊（Donna Wilson）

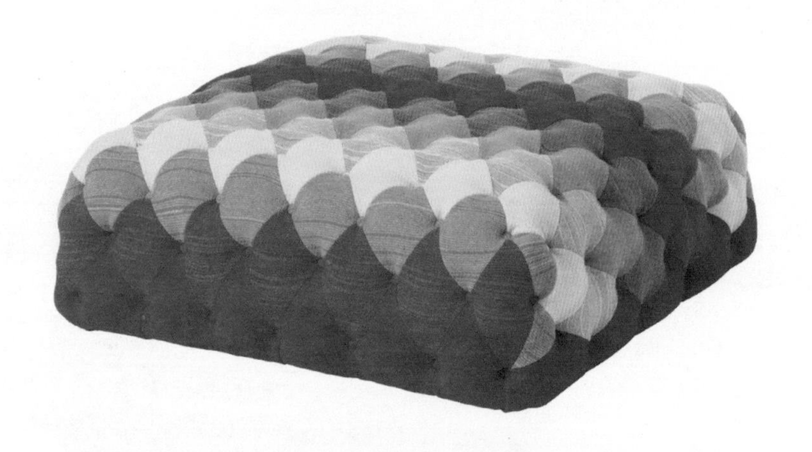

2007

这款设计产品的名字蕴含着混合色的理念，苏格兰纺织品设计师唐娜·威尔逊以其色彩鲜艳亮丽的手工编织作品而闻名。这款采用了深压花工艺的切斯特菲尔德式（chesterfield-style）软垫凳是威尔逊设计的第一件家具产品。它是在英国SCP公司的诺福克室内装潢车间制作的，首次亮相于2007年的米兰家具展。目前，该产品有三种配色（分别命名为彩虹、蓝潟湖、热土）可供选择，每种配色都用与之相配的纽扣点缀。此外，该产品还有一个纯色版本，使用羊毛毡织物制作。

PXL LIGHT
像素灯具

弗雷德里克 · 马特松（Fredrik Mattson）

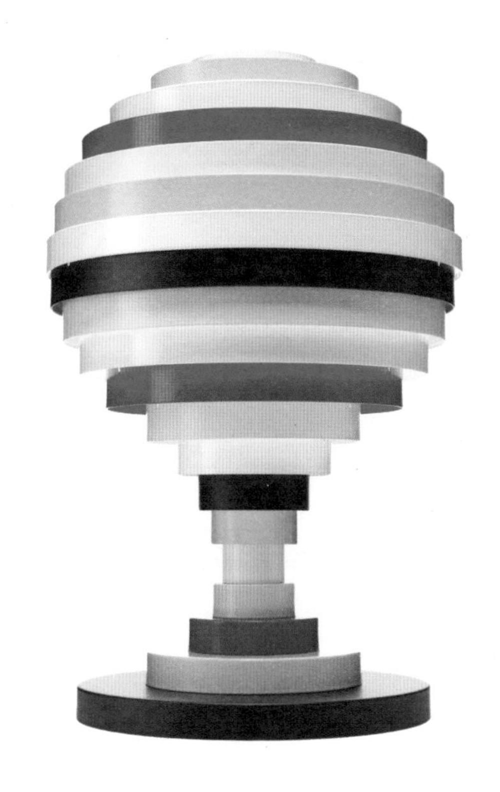

有些人可能会觉得像素灯具的设计只是为了吸引眼球，但实际上，瑞典设计师弗雷德里克 · 马特松的设计远非如此——它们实际上诠释了白光在彩虹中或通过三棱镜观察时的构成。像素灯具的形状基于常见的台灯和吊灯，但设计师对水平方向的宽大色带采用了低分辨率图像的像素化风格再加工，灯具系列也因此得名。对那些更喜欢直观的白光的人来说，还可以选择白色款。此外，像素灯具系列还包括壁灯，但只有未上漆的镀锌钢和白色款可供选择。

2007

FIELDS WALL LIGHT
田野壁灯

维森特 · 加西亚 · 希门尼斯（Vicente García Jiménez）

2007

西班牙设计师希门尼斯乘飞机从马德里前往瓦伦西亚，途中被拉曼恰地区田野的鸟瞰景观所吸引。他将自己看到的图形拼接起来，形成了一款由橙色漆铝和米白色有机玻璃制成的壁灯的基础概念。这款壁灯由意大利福斯卡里尼灯具公司（Foscarini）在2007年推出，它由三个模块组成，可以单独安装，也可以组合安装。当三个模块重叠时，它们便会形成一个抽象的雕塑构图，同时照亮大片的墙面空间，其颜色强度会根据光源的远近而发生变化。

BOUQUET CHAIR
花束椅

吉冈德仁（Tokujin Yoshioka）

2008

这款小巧的可旋转扶手椅由大量手工折叠和缝制的方形织物制成，成品状似绽放的颜色微妙的花束，就像它的名字一样美丽。这一概念源于日本设计师吉冈德仁 2007 年为莫罗索公司纽约展厅设计的一个优雅的装置，该装置使用了 30 000 张方形织物。吉冈德仁认为可以在扶手椅的设计中让这一概念更加深入，因此在花束椅的内饰中用超细纤维织物替换了纸巾。这款椅子有三款复杂色调（每个色调由三种颜色组成）的版本和一个适合简约主义者的纯白版本。

多什与莱维恩夫妇
Doshi Levien

当被问到是什么颜色定义了他们的童年时，在苏格兰出生的乔纳森·莱维恩（Jonathan Levien）说是瓦楞纸板的浅棕色，他回忆起父母工厂里的玩具套件的包装就是这个颜色。而对于尼帕·多什（Nipa Doshi）来说，童年时期的颜色则是德里一座装饰艺术风格房子里肮脏、布满灰尘的粉红色。她说："色彩的影响力真是令人惊叹——它代表着深刻影响着你的东西。"[13]

多什与莱维恩，这两个人有着不同的背景和多样的技能，他们都追求细节、理解色彩的重要性，都拥有极具个性的比例感，也因此走到了一起。他们创造出了近些年最为独特、最令人振奋的家居用品。这对夫妻将他们之间的差异视为充满活力的创新动力，也正是这一点促使他们对变化持开放态度，能够接受不同的观点。

当他们在伦敦皇家艺术学院相遇时，莱维恩正在学习家具设计，而多什则刚刚在印度艾哈迈达巴德的国家设计学院（在这里，包豪斯和现代主义原则仍然是主导思想）取得她的第一个工业设计学位。两个人在毕业后都积累了宝贵的工作经验——莱维恩在设计师洛斯·拉古路夫（Ross Lovegrove）那里工作，而多什则在大卫·奇普菲尔德（David Chipperfield）的建筑事务所工作。之后，他们在2000年携手创立了自己的设计工作室。

只需浏览他们的照片墙（Instagram）账号，就能看到夫妻二人丰富的模型、情绪板、材料实验以及为莫罗索、克瓦德拉特和凯托里（Kettal）等品牌设计的成品，从中不难看出他们设计方法的多样性和设计内容的丰富性。但最具洞察力的是那些展示多什在独特格子纸上绘制的美丽彩色草图和拼贴画的帖子[这是他们为莫罗索公司设计的纸飞机休闲椅（Paper Planes Lounge Chair）面料图案的灵感来源]。莱维恩说："多什所做的远不只是选择颜色，她在绘制和创造颜色。"[14]

工艺与机械制造精度的成功融合，以及对色彩和质地作用的深刻理解，已成为该事务所的鲜明特色。多什和莱维恩首先凭借为莫罗索公司设计的实验性质的印度轻便床（Charpoy）系列在设计行业中获得了关注。该系列包括四款形状、尺寸和面料各异的坐卧两用床（daybed），以印度传统的同名床为基础。此后，他们推出了公主系列坐卧两用床（Principessa Daybed），由11张不同面料的薄床垫组成，灵感来自童话故事《豌豆公主》。接着，他们又设计了具有突破性的"我那美丽的背面"系列沙发（第198、199页），有趣的是，这款沙发也是以公主为主题设计的。多什解释道："无论从哪个角度观察，它都富有诗意和雕塑感，这一点至关重要。"[15]

这对夫妇非常认真地对待自己的工作，但他们在每一件事情上都表现出轻松、欢乐和喜庆的态度。无论是为西班牙纳尼马奎娜公司（Nanimarquina）设计的丰富多彩的地毯，还是为BD巴塞罗那家具设计公司设计的色彩斑斓的梳妆台，他们总是让人们感受到这种气氛。他们制作的动画电影《克瓦德拉特歌舞》（*Kvadrat Kabarett*）更是将两个不同的纺织品系列——雅丽（Jaali，一种羊毛装饰织物）和玛雅（Maya，一种精致的窗帘织物）——转化为生动活泼的角色，在屏幕上旋转、滑行，展现出令人难以抗拒的魅力。这部电影让人联想到20世纪初的卡巴莱俱乐部，同时又展现了这些纺织品的美感和色彩组合的灵敏度。

多什表示："在每一个项目中，你都必须坚持自己对色彩的理念，否则，对我来说，它便失去了挑战性和趣味性。在意想不到的地方发现美，这就是我研究色彩的核心所在。"[16]

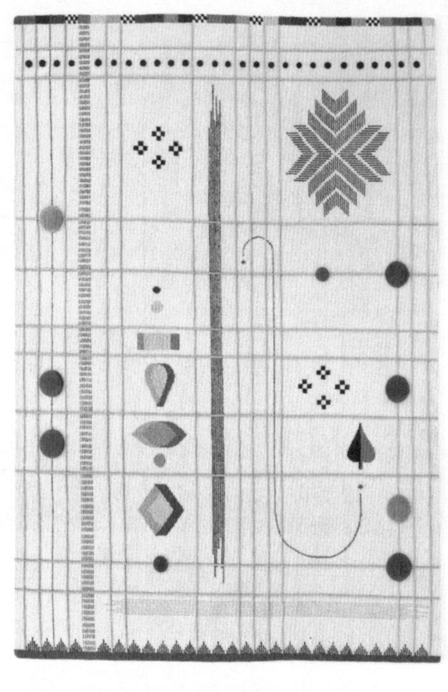

从左上角起顺时针：
钱德洛梳妆台（Chandlo Dressing Table），2012 年，为 BD 巴塞罗那设计公司设计

拉巴里地毯（Rabari Rug，1 号图案），2014 年，为纳尼马奎娜公司设计

公主系列坐卧两用床，2008 年，为莫罗索公司设计

纸飞机休闲椅，2010 年，为莫罗索公司设计

对页：
多什与莱维恩夫妇，彼得 · 克莱奇（Petr Krejčí）拍摄

Listen

DOSHI LEVIEN
多什与莱维恩夫妇

“我那美丽的背面”沙发（MY BEAUTIFUL BACKSIDE SOFA）（2008）

来自印度的多什和来自英国的莱维恩将各自的文化背景结合，赋予了这款沙发独特的风格，它充分体现了传统与非传统材料、风格和技术的完美融合。与他们的许多作品一样，这款名字奇特的沙发与欧洲和印度的传统工艺、符号和故事有着紧密的联系。它的设计灵感来源于一幅印度微缩画，画中描绘的是一位坐在地板上的公主，她的周围环绕着舒适的坐垫。沙发的面料采用了毛毡和羊毛，让人联想到英式西装的质感，而金属质感的叶形图案、丝绸坐垫和刺绣工艺则将华丽的印度风格元素引入设计。

WRONGWOODS CABINET

朗-伍兹橱柜

塞巴斯蒂安 · 朗，理查德 · 伍兹（Sebastian Wrong and Richard Woods）

2007

朗 - 伍兹系列家居产品由英国设计师塞巴斯蒂安 · 朗和艺术家理查德 · 伍兹联手打造，推出了众多夸张的色彩搭配方案（也有一些单色方案）。自首批储物柜问世以来，该系列便持续扩展，至今已包含八款产品，既有床头柜、餐桌这类大型家具，也有托盘、废纸篓这类小型家居用品。伍兹的彩绘图案采用木版接触印刷技术，完美呈现在朗设计的风格简约（流行于 20 世纪 50 年代）的家具上。朗 - 伍兹橱柜产品都是手工将油漆涂抹于印版之上，再按压至胶合板表面进行印刷的，确保每个柜子都是独一无二的艺术品。

CONFLUENCES SOFA
融合沙发

菲利普·尼格罗（Philippe Nigro）

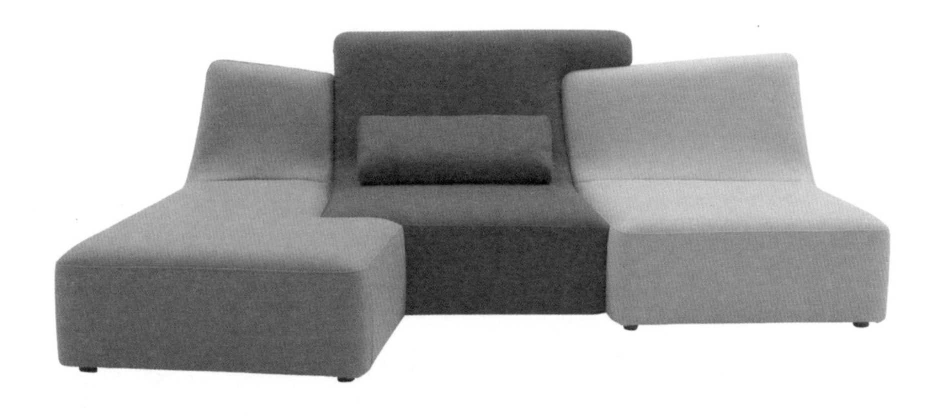

这款“调和型”沙发最初的设计是让每个座位和坐垫处于不同的色调中，有蓝色、粉色和黄色。这款融合沙发由菲利普·尼格罗设计，目的是满足不同用户的坐姿需求。这位法国设计师的方法相当具有革命性：部分重叠的座位组件相互倚靠着嵌入，每个组件的靠背高度和座位深度都略有不同。该沙发有多个版本可供选择，其中一个版本中的座位部件朝向相反的方向，形成一个谈话区。目前，该沙发也提供单色款式。

2008 

DO-LO-REZ SOFA

“低分辨率”沙发

罗恩·阿拉德（Ron Arad）

2008

“像素”是这款复杂的模块化沙发的设计灵感来源——“DO-LO-REZ”是“低分辨率”一词的意大利语缩写，指的是低分辨率图像中原本平滑的线条会转化成一系列色块的现象。“低分辨率”沙发长度超过 2 m，由不同高度的织物包裹的 36 个泡沫塑料块组成，呈不太规则的阶梯状排列。浅红与深红版本的沙发包含八种色调，而淡蓝与深蓝版本以及浅灰与深灰版本则各采用了十种色调。如果说这些色调的变化还不够复杂，那么每种色调还有三种克瓦德拉特公司生产的面料可供选择，可以增加沙发质感上的变化。

VALISES WARDROBE

手提箱衣柜

马尔腾 · 德 · 库莱尔（Maarten De Ceulaer）

2008

这个对传统旅行箱进行巧妙创新的作品最早是比利时设计师库莱尔在设计学院的毕业设计项目，名为“一堆行李箱”。

库莱尔早年在布鲁塞尔学习室内设计，在成为产品设计师之前，便对色彩有着敏锐的洞察力。随着对概念性想法的兴趣日益增长，他进入了以艺术化教学方法闻名的埃因霍温设计学院进修。

因为热爱旅行，库莱尔设计了他的毕业作品“一堆行李箱”，以斑斓的绿色为主色调，让这个衣柜拥有“可变结构和精心测量的隔间的高级衣柜功能。各个箱子由钢制型材紧紧地固定在一起，为换衣留出了足够的空间”[17]。换句话说，这个衣柜可以轻松拆卸、运输或根据需要重新配置——与过去笨重、一成不变的衣柜大相径庭。

这件作品立即被米兰著名的尼鲁法尔画廊（Nilufar Gallery）的创始人尼娜 · 亚沙尔（Nina Yashar）看中。在之后的几年里，库莱尔将这个作品发展成由 13 件不同产品组成的系列（从底座带行李箱抽屉的镜子到公文包书桌），所有产品都用质量极佳的比利时可回收复古皮革包裹。

在尼鲁法尔画廊代理库莱尔作品的同时，意大利卡萨玛尼亚家具公司（Casamania）也找到了他。随后，该设计以“Valises”（法文，意为手提箱）这个新名字投入生产，仅以衣柜的形式出现，但有 4 种不同的色调：绿色、蓝色、粉色和米色组合，以及一种精致的多色版本。投入生产的版本还原了库莱尔毕业设计中的配置，让人联想到肖恩 · 斯卡利（Sean Scully）的抽象画作，同时也是一款功能性很强的衣柜。

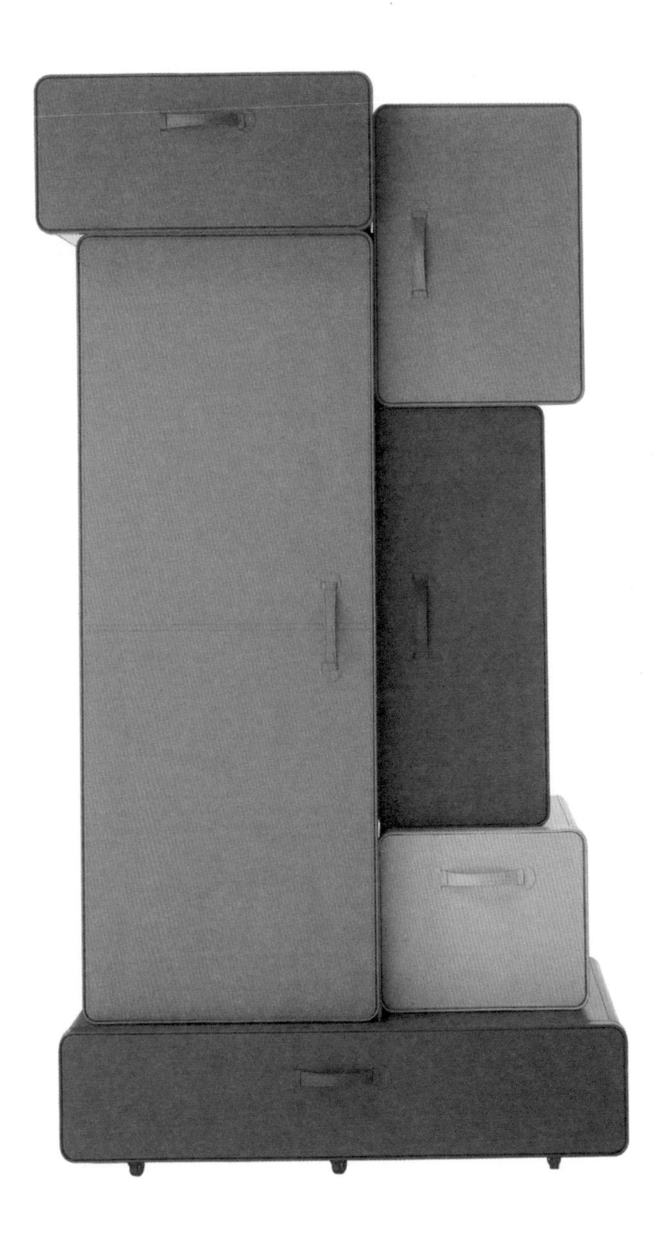

LOLITA LAMPS
洛丽塔灯具系列

尼卡 · 祖潘茨（Nika Zupanc）

2008

如同纳博科夫（Nabokov）的同名小说中的女主人公一样，洛丽塔灯具显得可爱又顽皮，它是一款采用 ABS 塑料和聚氨酯制作的光滑、有光泽的产品。虽然这个系列中的吊灯、台灯和落地灯也推出了白色、灰色和黑色款式，但最终迅速吸引人们注意力的是糖果粉款。也许只有这个款式与扇形蕾丝边最为匹配，更不用说它的名字了。这款产品的制造商——荷兰慕伊家具公司（Moooi）后来停产了灰色和黑色款，并增加了伦敦玫瑰系列——采用一种柔和的玫瑰金色，带有金属光泽。灯罩内部为白色，可增加光线反射。

SUSHI COLLECTION

寿司坐具系列

爱德华·凡·弗利特（Edward van Vliet）

2008

将家具系列用日本国民菜肴寿司命名有些出人意料，寿司坐具系列确实是荷兰设计师爱德华·凡·弗利特的创新之作。这个名为“寿司”的坐具系列实际上是由各种被包裹在混合织物中的坐具组成的。“寿司”坐具系列由意大利莫罗索公司生产，包括沙发、蒲团和椅子。这些织物图案由弗利特特别设计，展现了一系列精致的数字几何图形，借鉴了螺旋图案艺术（Spirograph）和摩洛哥瓷砖的风格，甚至还有鲤鱼的形象（该款图案现已停产）。柔和的粉与淡蓝色调组合，抑或褪色的橙与柔和的青绿色调组合，与平纹织物上复杂的图案并列在一起，形成了独特的视觉效果。

RAW CHAIR
原木椅

延斯 · 法格（Jens Fager）

2008

原木椅是用带锯在实木上雕刻而成的，有四种颜色可选，包括明亮的黄色、蓝色和绿色，以及较为内敛的灰色。这款椅子参考了18、19 世纪“船长椅”的造型，强调了其粗犷、多彩的外观与设计所依据的精致历史物件之间的内在矛盾。原型采用松木制造，后来采用桦木投入生产。原木椅是延斯 · 法格设计的原木系列的一部分，该系列还包括相同色调的边桌和烛台（有白色和绿色两款）。由于采用手工制造，因此每把原木椅都是独一无二的存在。

TROPICALIA CHAIR

“热带风潮”休闲椅

帕特里夏·奥奇拉（Patricia Urquiola）

2008

奥奇拉经常从传统工艺中寻找灵感，她以充满趣味的方式将“热带风潮”系列中的鲜艳色彩和几何图案相结合，形成类似串珠艺术的排列，让单线重叠形成三维立体设计。这位出生于西班牙、在米兰工作的设计师以她早先设计的安提博迪贵妃椅（Antibodi Chaise）的轮廓为起点进行了创作。这款休闲椅是一系列采用编织工艺的座椅产品的其中之一，采用不锈钢管和抗紫外线的热塑性塑料线制成，即使在户外，如夏日的泳池边，也能散发出无忧无虑的风情。

STACK CABINET

堆叠抽屉柜

Raw-Edges 设计工作室（Raw-Edges）

2008

这个设计最初以“浮动抽屉塔”的形式呈现，并采用两种对比鲜明的颜色搭配——绿色和红色，对传统抽屉柜的各个方面提出了挑战。Raw-Edges 设计工作室的谢伊 · 阿尔卡雷（Shay Alkalay）和雅艾尔 · 梅尔（Yael Mer）希望创造一种可以从两侧进入的抽屉系统，同时让该系统展现出引人注意的不规则形式。他们的产品以色彩和运动为主题，而堆叠抽屉柜的动态造型则体现出抽象艺术的精髓，似乎又打破了物理学规律。这款抽屉柜目前有两种规格，八个抽屉或十三个抽屉，并提供四种喷漆颜色以及中性色调和混合木皮色。

BIG TABLE
大桌子

阿兰 · 吉勒斯（Alain Gilles）

2009

“大桌子”的设计运用了极具戏剧性的对比手法。倾斜的桌腿采用多种颜色营造出一种动态的感觉，而桌面则保持静止，线条简洁，呈现平衡、稳重之感。这款产品由意大利博纳尔多家具公司（Bonaldo）在2009年米兰家具展上推出，采用了珊瑚红、橙色、绿色、丁香色的配色方案，同时也提供另外两种配色组合：淡粉色、棕色、鸽灰色、苋菜色，以及波尔多红、赛车绿、黄铜黄、皇家蓝（本页图片所示）。“大桌子”的桌腿采用钢材制作，经过激光切割、折叠成型，用户还可选择单色或金属饰面，以呈现出更加统一的效果。无论采用何种颜色，桌腿都散发出充满活力的气息。不过，只有多色桌腿的版本才能真正诠释大桌子所蕴含的戏剧性。

TIP TON CHAIR

倾斜椅

巴伯 & 奥斯格比工作室（Barber & Osgerby）

2009—2011 当英国西米德兰兹郡蒂普顿镇的一所新学校请爱德华·巴伯和杰伊·奥斯格比在选择座椅方面给出一些建议的时候，他们发现可用的座椅款式非常有限，因此，他们决定开发一种全新的座椅原型。倾斜椅的特点是在雪橇式底座上设计了一个小角度，使得座椅既可以向前倾斜用于近距离工作，也可以保持传统餐椅的位置。倾斜椅的名字既是为了致敬激发他们灵感的这所学校，也是为了描述两种角度的座椅底座可以产生类似跷跷板的运动。自推出以来，这款椅子的颜色经历了多次变化，但它最初的颜色——冰川蓝——仍然令人过目不忘。

BOLD CHAIR
“粗体”椅

Big-Game 设计工作室（Big-Game）

2009 

虽然这把椅子看起来像是用易弯曲的管道清洁器制作的，但实际上，其设计灵感源自包豪斯的钢管家具。它的名字取自“bold”（粗体）这一计算机命令，也隐含了它所产生的戏剧化效果。尽管这把椅子的外表看起来只由柔软的内饰构成，但其实在其紧实的可拆卸织物“外套”之下隐藏着由泡沫包裹的管状钢架。鉴于其俏皮的外形，这款椅子的颜色也同样充满活力，有紫色、红色、黄色、粉色、宝蓝色和橙色可选，同时还有三种不同深浅的蓝色以及森林绿可供选择。

NUANCE CHAIR AND OTTOMAN

渐变色椅子与脚踏

卢卡 · 尼凯托（Luca Nichetto）

2009

这款椅子与脚凳体现出的最鲜明的特点——颜色的微妙渐变，从名字中可见一斑。各种色调由深至浅呈条纹状排列，并提供了蓝色、绿色和红葡萄酒色等多种配色方案。在当今这个布料边角料经常被弃之不用的世界里，卢卡 · 尼凯托将这种波普艺术风格的设计视为一种巧妙且具有环保意识的创作方式，并重新利用废弃的布料。这位意大利设计师将渐变色椅子与脚踏视为集工艺品质和环保理念于一体的产品——这在当代设计中是难得一见的。

PEACOCK CHAIR

孔雀椅

德罗尔 · 本舍特里特（Dror Benshetrit）

2009 

在设计圈之外，这把椅子之所以为人所熟知是因为它在蕾哈娜（Rihanna）2009 年的歌曲 *S&M* MV 中充当了宝座。孔雀椅是本舍特里特对大自然骄傲的回应，为了与孔雀的鲜艳色彩相呼应，这款椅子仅提供绿色和蓝色两种选择。这位来自纽约的设计师在探索如何赋予布料足够的硬度而不需要内部结构支撑的过程中，通过将三层毛毡塑造成紧密的波浪形状找到了问题的解决方案。无须缝合或胶粘，仅需将宽大的布卷夹在金属底座上，就能让孔雀椅保持如协奏曲般和谐的形状和体量。

斯霍尔滕与贝金斯夫妇
Scholten & Baijings

对斯蒂芬·斯霍尔滕（Stefan Scholten）和卡罗尔·贝金斯（Carole Baijings）来说，设计是一个没有预设终点、不断探索的过程。这对荷兰夫妇采取了所谓的“工作室”方法，他们使用纸或纸板制作模型，根据需要涂上颜色，经过切割和塑形，再用胶带将各部分重新组合在一起，以实现预期的效果。同样，色彩作为他们设计实践的标志之一，并不是通过参考涂料色板或某种特定系统来选取的，因为他们更倾向于从零开始创造属于自己的色彩。

从这个角度来看，尽管这对搭档运用了CAD软件和前沿科技知识，但他们的设计方法仍然保持着传统的手工艺精神。他们与伊姆斯夫妇的工作方式一脉相承，致力于制作模型、原型，并不断探索新的设计道路。贝金斯表示：“对我们来说，设计并非一个纯粹的脑力过程，许多想法都是在与材料打交道的过程中诞生的。我们称之为‘通过实践来思考’。”[18]

斯霍尔滕曾在著名的埃因霍温设计学院学习，师从享誉荷兰的设计师海斯·巴克（Gijs Bakker）——备受赞誉的概念设计公司楚格设计（Droog Design）的联合创始人。相比之下，贝金斯的背景截然不同，她曾担任助理导演，为全球知名品牌如雪铁龙（Citroën）和可口可乐（Coca-Cola）制作高预算广告。然而，两人互补的才华使得他们在2000年创立了自己的工作室。

这对夫妇对设计功能丰富的产品抱有浓厚的兴趣，同时，他们尊重手工艺和大规模生产技术。他们清楚地认识到，花时间深入理解每种方法所提供的可能性至关重要，这有助于他们实现所追求的细节和精妙之处。正如斯霍尔滕所言：“重点不在于从A点到B点，我们真正关心的是如何抵达目的地。”[19]

他们与蒂尔堡纺织博物馆的合作就是一个很好的例子。该博物馆的织物实验室既有古老的手工织布机，也有现代化的计算机操作设备。合作的目标是对纺织品进行持续探索，特别是通过委托艺术家和设计师使用实验室的设备以及与专业人员合作达成目标。在这个过程中，斯霍尔滕与贝金斯夫妇于2005年制作了渐变色毯（Colour Gradient Blanket），这一设计成为工作室发展的开端。随后，该设计逐渐演变为彩色格子毯（Colour Plaid Blanket）和彩色地毯5号（Colour Carpet No.5），这些产品均由与工作室合作最久的客户——丹麦HAY家居产品公司生产。另外，他们为HAY、KNS（Karimoku New Standard，日本家具品牌）和马哈拉姆公司设计的其他一些产品，也可以看作对早期色彩实验的进一步探索。

在为马哈拉姆公司制作“织补采样”（Darning Samplers）织物图案时，纽约库珀·休伊特博物馆展出的18世纪荷兰样本促使了斯霍尔滕与贝金斯夫妇两人对色彩和纱线进行深入研究和探索。这些小方块织补图案的灵感来自教导女孩子如何刺绣和织补。

这对搭档不仅为高端品牌，如意大利Verreum、丹麦乔治·詹森和日本瓷器品牌1616/arita japan进行设计，也为宜家家居等公司设计项目。他们以精湛的工艺和微妙的色彩组合为莫罗索公司和赫尔曼·米勒公司设计了座椅，为英国的Established & Sons公司设计了非同凡响的阿姆斯特丹衣柜（Amsterdam Armoire）（第220、221页），还设计了多个玻璃器皿和陶瓷系列。他们始终秉持以探索为中心的设计理念，不断推动设计的创新和发展。

“我们的作品注重色彩、层次和图案。我们喜欢将几何与自然、人造与有机融合在一起，因为这种融合可以创造出全新的东西。”[20]贝金斯如是说。

从右上角起顺时针：

休闲椅与脚踏（Ottoman Lounge Chair and Ottoman），2016 年，为莫罗索公司设计

巴特储物罐（Butte Containers，海龟、金枪鱼、树版本），2010 年，为 Established & Sons 公司设计

彩色地毯 5 号，2011 年，为 HAY 公司设计

“斯霍尔滕与贝金斯的彩色世界”陶瓷花瓶系列，2017 年，为塞夫尔国家工厂和博物馆设计

带椅（Strap Chair），2014 年，2018 年起为莫罗索公司设计

对页：

斯蒂芬·斯霍尔滕与卡罗尔·贝金斯，摄影：Freudenthal / Verhagen

SCHOLTEN & BAIJINGS
斯霍尔滕与贝金斯夫妇

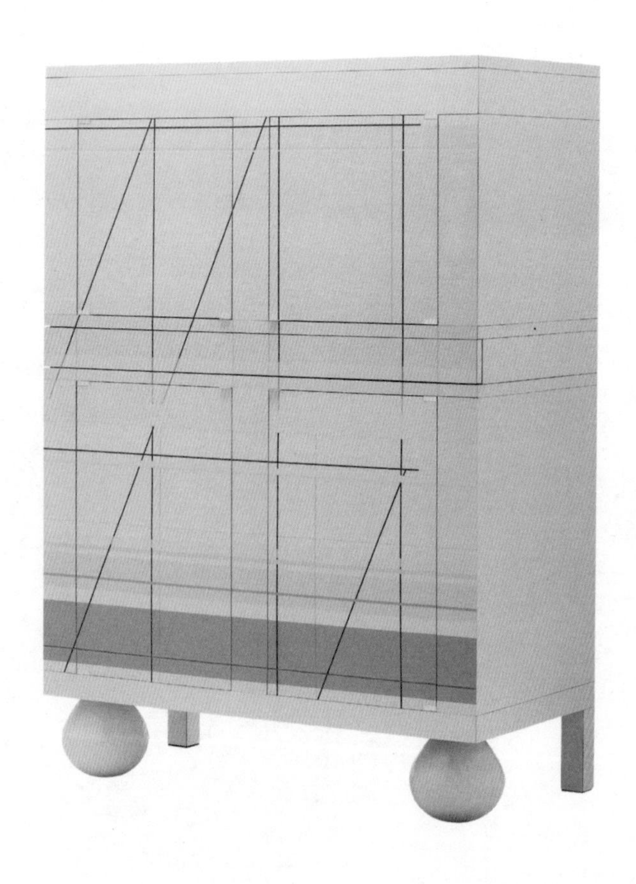

阿姆斯特丹衣柜 Amsterdam Armoire（2010）

这款产品是斯蒂芬·斯霍尔滕与卡罗尔·贝金斯对他们钟爱的非主流色彩风格的独特诠释。通过这款设计，他们成功打破了行业对基础色调的依赖，并在全球范围内掀起了一股精致的粉色和薄荷色调的热潮。衣柜采用淡粉色的、以手工吹制玻璃制作而成的圆形支脚，柜身上宽窄不一的条纹与细腻线条相映生辉，使得表面看起来仿佛一幅抽象艺术作品。令人意想不到的是，柜门内侧用荷兰艺术家莫里斯·舍尔腾斯（Maurice Scheltens）和莉斯贝丝·阿贝内斯（Liesbeth Abbenes）的摄影作品营造出了一种类似福纳塞蒂（Fornasetti）的错觉艺术的效果。这种将荧光色巧妙地融入柔和色调中的设计手法，是该工作室的标志性特征。这样的设计，无疑是对传统色彩搭配的一次大胆挑战与创新。

BRICK CHANDELIER
积木吊灯

佩佩 · 海库普（Pepe Heykoop）

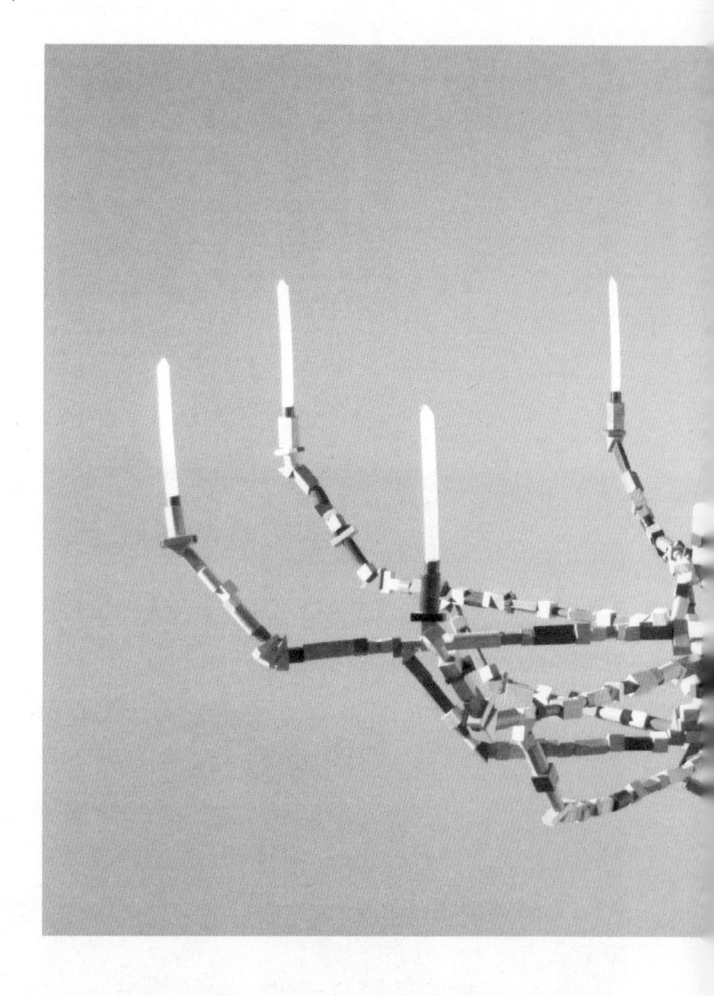

2009

没有什么比一个由积木制成的 2.5 m 宽的吊灯更绚丽多彩、更充满童趣了。荷兰设计师佩佩 · 海库普曾在他设计的纺锤形靠背砖椅上尝试将回收的积木穿在金属结构上。而他设计的这款巨型吊灯同样将熟悉的形式与令人惊讶的处理方式结合起来。虽然积木吊灯具有传统的造型，八条“手臂”末端插着蜡烛，但颜色和图案却充满随意性，仿佛在吱吱作响，其不规则的造型令人着迷。解构的外观赋予了该产品一种欢快、不拘一格的气息。

AMULETO TASK LIGHT
护身符工作灯

亚历山德罗 · 门迪尼（Alessandro Mendini）

2010

蓝色、红色和黄色的三个圆圈分别代表灯的底座、连接处和灯头，这暗示了地球、太阳和月亮的关系，即门迪尼创作背后充满象征意义的三位一体。护身符工作灯在光线精确度方面具有开创性意义，它是首款采用外科手术等级（显色指数高）细长环形 LED 灯的家用灯具。这款工作灯质量轻，拥有 51 级调光器，其机械臂装置仿照了人类手臂关节。“Amuleto”在意大利语中的意思是护身符，这款工作灯是门迪尼送给孙子的礼物。虽然它有多种颜色可供选择（如红色、白色或黑色），但门迪尼更推崇最初的三原色组合。

SPIN STOOL

“旋转”堆叠凳

斯塔凡·霍姆（Staffan Holm）

这款凳子的名字源于凳腿以诗意般的“旋转”之姿离开凳座。堆叠凳的设计灵感来自阿尔瓦·阿尔托 20 世纪 30 年代的代表作 E60 圆凳，但斯塔凡·霍姆的构造方法是完全原创的。这位瑞典设计师在哥德堡大学完成设计专业硕士学位课程之前学习过木工，这两个专业都是制作这款精美堆叠椅的基础。“旋转”堆叠凳色彩鲜艳，颇具马戏团风格，另外也有天然的白蜡色可供选择。多个凳子叠放在一起时，就像一件充满活力的螺旋雕塑艺术品。

2010

JUMPER ARMCHAIR
“套头毛衣”扶手椅

伯特扬 · 波特（Bertjan Pot）

2010

没有缝线，没有接缝，没有 U 形钉——这是一种我们从未见过的软体家具。伯特扬 · 波特尝试用羊毛毡来提升针织品的耐久性，创造了一种一体成型的织物外罩，为传统的椅子装饰提供了一种有趣的替代方案。他在荷兰蒂尔堡纺织博物馆发现了一台可以在一次操作中完成编织的制衣机，这让他感到非常高兴。他为英国 Established & Sons 家具公司设计了这款“套头毛衣”扶手椅。这款产品的配色有两种，一种是红色和灰色，另一种是有两种色调的灰色。宽条纹增强了编织“套头毛衣”的效果。“毛衣”的“衣袖”紧紧地包裹钢管椅腿和扶手，在座椅下方，“衣袖”通过纽扣连接在一起。

PEG COAT STAND

佩格衣架

汤姆·迪克森（Tom Dixon）

2010

推出一款荧光橙色的家居产品绝对算得上一个大胆的决定，兼具设计师和商人身份的汤姆·迪克森可不是胆小怕事的人。虽然他之前设计过一些橙色的产品，但佩格衣架和佩格椅子（于同年推出）是他首次尝试荧光橙色。这款衣架是他对工业生产过程和有效运输的持续研究的产物，采用了平板包装设计，用迪克森自己的话来形容，它就像“一个内涵丰富的大型图腾”。佩格衣架上配有八个大小各异的木质旋钮，这些旋钮可以以任何顺序安装。现在的佩格衣架已经不只局限于荧光橙色，还有黑色、白色和天然橡木色可供选择。

GUICHET WALL CLOCK
窗户壁钟

印加 · 桑佩（Inga Sempé）

2010

窗户壁钟设计的背后蕴含着迷人的概念，是为了在视觉上更加直观地呈现时间的流逝。这一创意在设计中的体现便是以镂空的洞取代了数字 6。通过这个洞，人们可以观察到运动的钟摆。窗户壁钟采用彩色陶瓷材料，经过精心模制，摒弃了传统的数字标识，转而以凸起的点和短线来代表小时刻度。窗户壁钟有多种款式，如美丽的亚光烟灰蓝、橄榄绿等，配备条纹金属摆锤，还有白色配以黄色点缀的款式。从远处看，窗户壁钟似乎是圆形的，但仔细观察后会发现，其实它是椭圆形的，仿佛在悄然展现着重力的魔力。

CIRCLE FLOOR LAMP

圆弧落地灯

莫妮卡 · 福斯特（Monica Förster）

2010 

圆弧落地灯是瑞典设计师莫妮卡 · 福斯特的新作，其设计以半圆为基础造型，最初有阳光黄和柔白两种颜色。这款落地灯的灯杆呈优雅的弧形，从圆形底座升起，与金属圆盘灯罩完美相接，灯罩诗意地从灯杆上垂坠下来。从侧面看，落地灯尽显简约，但换个角度，便能发现金属圆盘在弯曲后所形成的两个半圆的曲线美，让人眼前一亮。这款落地灯是福斯特为意大利德 · 帕多华室内用品公司设计的。可惜的是，2015 年，德 · 帕多华室内用品公司被另一个意大利品牌 Boffi 收购，圆弧落地灯便从此遗憾地停产了。

TOOLBOX
工具箱
艾里克·莱维（Arik Levy）

2010

这款流线型工具箱是经典“杂工伴侣”的现代诠释，由出生于特拉维夫、定居于巴黎的设计师艾里克·莱维设计，采用耐用的ABS 塑料注塑而成。这款工具箱轻巧、紧凑，友好的圆角和斜边设计使其有别于传统的木质工具箱。它的功能足够丰富，可以用于户外的各种场合。自工具箱问世以来，维特拉家具公司推出了多种有趣的颜色，包括薄荷绿、橙、苔藓灰、玫瑰、海蓝、白色，以及一种近似黑色的色调。

SPARKLING CHAIR
气泡椅

马塞尔 · 万德斯（Marcel Wanders）

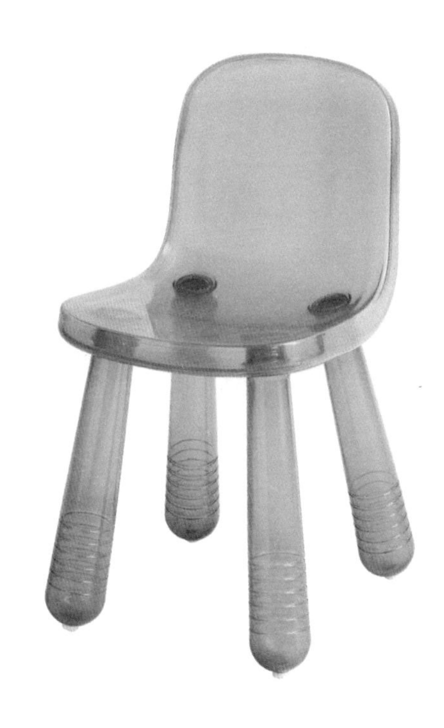

2010

荷兰设计师万德斯痴迷于制造一把世界上最轻的椅子，他从矿泉水瓶的生产工艺中获得灵感，与意大利玛吉斯家具公司合作，采用同样的吹塑技术和聚乙烯塑料（PET）材料，开发了这款只有1 kg 重的椅子。他注意到水瓶中的起泡会改变水的流动方式，从而增加阻力，因此，在设计中加入了高压空气以增加产品强度。万德斯进一步将这个概念发扬光大，设计了可拧入座椅（像盖子一样）的瓶形支腿，并选择了圣培露气泡水（Sanpellegrino）塑料瓶经典的绿色作为气泡椅成品的颜色。

MASKS
面具

伯特扬 · 波特（Bertjan Pot）

2010至今

这款面具始于一次材料试验——荷兰设计师伯特扬 · 波特想用缝成线圈的绳子制作地毯，但这种方法容易产生不均匀的张力，使地毯边缘出现不可预知的卷曲。在摆弄这些弯曲的样品时，他产生了将绳子塑造成面具的想法，材料试验很快变成了常规活动，波特从那时开始制作一些一次性组合作品。这些五彩缤纷的面具既阴险又俏皮，其形状、颜色和图案都有无限可能，因为用来制作面具的缆绳和登山绳有各种各样的颜色和样式可供选择。

BAU PENDANT LIGHT
建筑吊灯

维贝克 · 富内斯伯格 · 施密特（Vibeke Fonnesberg Schmidt）

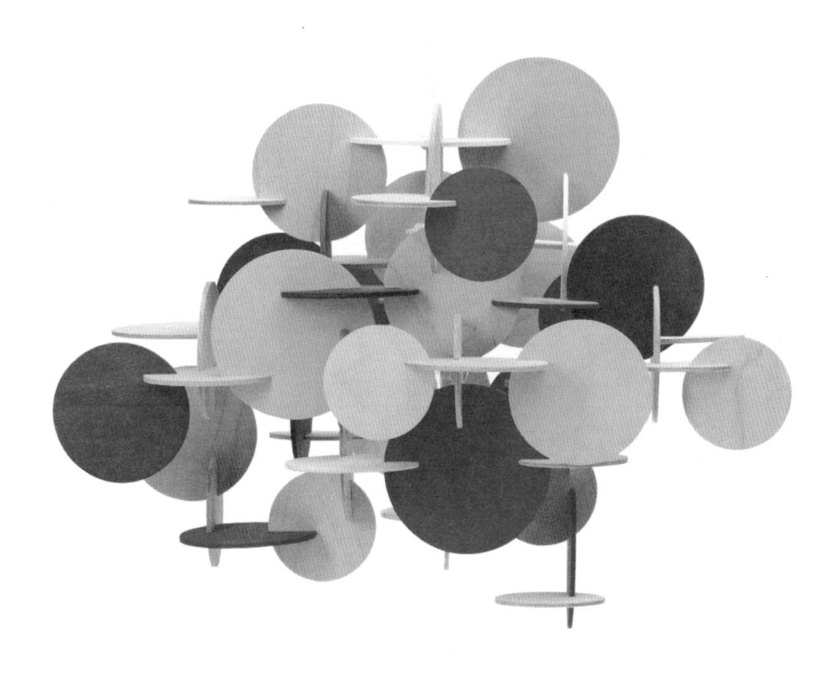

2010

建筑吊灯蕴含着一种吸引人的建构主义美学，它就像儿童游乐设施一样，由不同大小的圆盘组成，每个圆盘上都有 1 ~ 3 个插槽，用户可以将其插装在一起，形成一个复杂的三维造型。丹麦设计师维贝克 · 富内斯伯格 · 施密特认为，将插槽略微偏离中心会带来更富有活力的造型，他说："如果按照网格系统来做，对我来说就太死板了……我需要多一点混乱。"[21] 这款吊灯有两种规格（小号有 59 个圆盘，大号有 80 个圆盘），配色采用三原色，由天然桦木胶合板制成。不过目前制造商诺曼 · 哥本哈根家具公司（Normann Copenhagen）已经停止生产彩色版本。

LIGHT FOREST
灯之森

Ontwerpduo 设计工作室（Ontwerpduo）

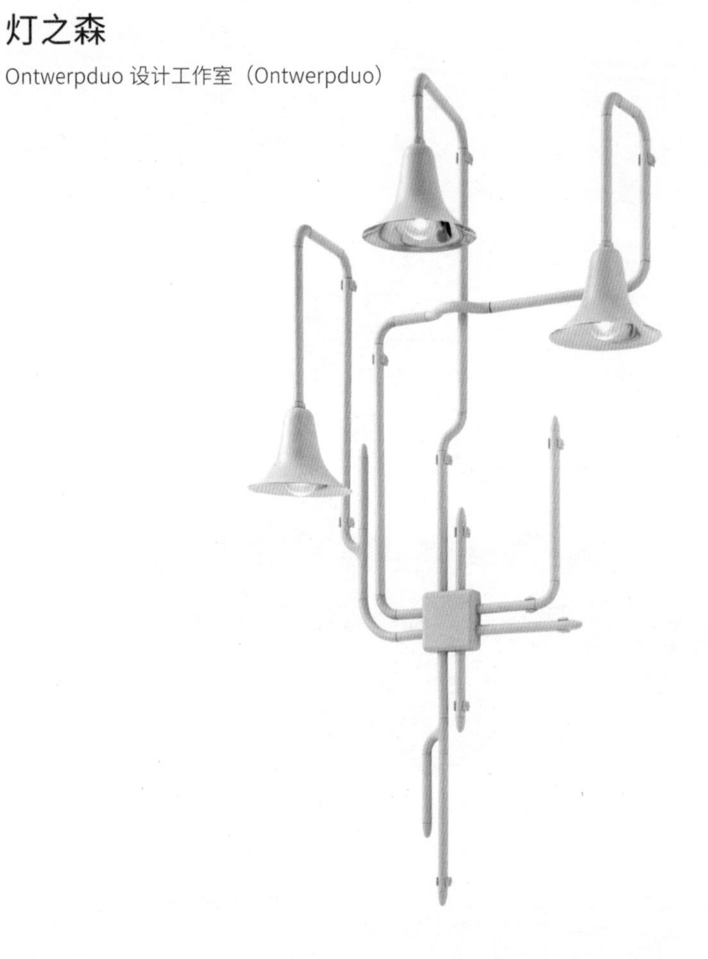

2010

淡淡的苔藓绿在灯具设计中是一种罕见的颜色，但这种颜色却完美地融入了灯之森令人着迷的设计中。这款灯具形状千变万化，风格从有机、诗意到几何、正式，应有尽有。除了绿色款，也有白色款可选。灯具主体由铝管制成，根据所选主体的颜色，搭配铜或黄铜的内罩。这款灯具拥有四种配置，可以在墙上或天花板上灵活安装。2015—2018 年，这款灯具由丹麦品牌 &Tradition 经销。不过，现在其版权归荷兰设计师蒂内克 · 伯恩德斯（Tineke Beunders）和南森 · 威灵克（Nathan Wierink）所有。他们成立的新公司 Aptum 在埃因霍温负责生产和销售这款灯具。如有需求，还可以为消费者定制其他颜色。

ROOFER (F12) PENDANT LIGHT
瓦片吊灯

本杰明·休伯特（Benjamin Hubert）

这款吊灯的设计灵感来源于屋顶，并以瓦片命名，其特色在于采用的“瓦片”造型。瓦片由硅材料制成，由轻质框架支撑，相互之间有一些微小的重叠，打造出略带纹理的效果。同时，瓦片上还有细腻的垂直凹槽，能够从不同的角度折射光线。硅材料组件有四种基本色调可供选择，包括绿色、赤陶色、灰色和白色，每种色调的瓦片之间还存在颜色的深浅变化，使得这款灯更具个性。瓦片吊灯由意大利的法比安灯具公司（Fabbian）生产，有三种造型可供选择：圆锥形、矮鼓形以及一种两者结合的造型（如本页图片所示）。

2011

LOTEK TASK LIGHT
LOTEK工作灯

哈维尔·马里斯卡尔（Javier Mariscal）

2011

哈维尔·马里斯卡尔将20世纪早期传统台灯的外观简化成二维漫画形式，结合原色和简单的直线，为书桌增添了一件抽象的艺术品。阿尔泰米德灯具公司提供了两个版本的产品：一个版本采用蓝色喷漆钢制底座、蓝色铝质灯头以及黄色和红色突出显示的部件；另一个版本则采用本色铝质底座。LoTek 工作灯的主色调让人联想到包豪斯精神，同时引入了21世纪的新型材料和工艺，其中包括LED光源。LoTek 工作灯提供了很大的使用灵活性，不仅可以调节亮度，还可以夹在桌面上。

EU/PHORIA CHAIR

狂喜之椅

帕奥拉·纳瓦内（Paola Navone）

2011

在巴黎世家（Balenciaga）借鉴宜家廉价弗拉塔购物袋（Frakta）设计手提包而引起时尚界轰动的六年之前，意大利设计师帕奥拉·纳瓦内便以类似的戏谑方式设计了她的狂喜之椅。在设计过程中，她选择以20世纪60年代出现在香港且后来成为全球主流的简单的红白蓝格子尼龙袋作为参照。狂喜之椅的壳体是由聚丙烯和通常用于汽车内饰的木粉制成的大片材料构成的，这些材料在成型过程中与条纹或格子的合成织物黏合，形成成品的图案。

GRILLAGE OUTDOOR CHAIR
格架户外椅

弗朗索瓦·阿藏堡（François Azambourg）

2010—2011 格架户外椅用颜色对户外版（电光蓝）和室内版（黑或白）进行了区分。椅子由一块金属板制成，细小的穿孔错落有致地排列着，整块金属板被巧妙地折叠起来，然后固定在弯曲的钢架上。这款椅子由法国写意空间家具公司生产，该系列中还包括一款双人沙发。尽管穿孔的金属板座面提供了一定的弹性，但设计师还是在室内版中增加了薄薄的绗缝坐垫和靠垫，可以通过磁铁吸附在座位上，以提高椅子的舒适度。

KORA VASE
科拉花瓶

佩佩设计工作室（Studiopepe）

科拉花瓶的颜色和造型都是设计的重点，对其产生的影响力至关重要，其引人注目的外观让人联想到古希腊之瓮。在设计过程中，佩佩设计工作室的两位设计师阿里安娜·莱利·马米（Arianna Lelli Mami）和基娅拉·迪·平托（Chiara Di Pinto）精心研究了不同颜色对充满异国情调的科拉花瓶的形态的影响。她们最终选定了一个基于四色印刷工艺的七色调色板。这款亚光陶瓷花瓶有两种高度可选，分别是 32 cm 和 52.5 cm。在量产版本中，色调有猩红、丝绸蓝和深橙；而在限量版本中，则有珊瑚粉的渐变色和单色图案可选。

2011 

BORGHESE SOFA
博尔盖塞沙发

诺埃 · 迪绍富尔 - 劳伦斯（Noé Duchaufour-Lawrance）

2012

这款沙发是由雕塑家出身的法国设计师诺埃 · 迪绍富尔 - 劳伦斯以罗马博尔盖塞别墅花园中雄伟的松树为灵感而创作的。作为 2012 年巴黎 La Chance 家具公司在米兰发布的标志性产品之一，博尔盖塞沙发将精致的树枝形金属支架与有机形状的坐垫和靠垫完美结合，为混合绿色面料的装饰创造了理想的结构。同时，对于不太擅长色彩搭配的人来说，迪绍富尔 - 劳伦斯还巧妙地设计了四种石灰色调供其选择。此外，这款沙发还提供克瓦德拉特公司生产的 Hallingdal 65 和 Pierre Frey Bridget 两种面料的定制版本，以满足不同客户的需求。

ANEMONE RUG

海葵地毯

弗朗索瓦 · 迪马
(François Dumas)

2012

海葵地毯的创意源自海洋动物的触手，通过绘画中生动有力的笔触表现，最终在手工簇绒羊毛地毯上呈现出柔和的曲线，成为研究色彩与动态的佳作。在设计初期，设计师弗朗索瓦 · 迪马运用水彩画技法捕捉相互纠缠的海葵触手的起伏动态，并将其呈现于羊毛之上，进一步凸显视觉冲击力。此外，他还巧妙运用克莱因蓝、强烈的红与绿以及柔和的灰，将海葵丰富多变的色调浓缩为四种强有力的配色方案。

PAPER PATCHWORK CUPBOARD
纸板拼贴橱柜

约布设计工作室（Studio Job）

继慕伊家具公司在 2009 年推出的纯白纸张系列（Paper）产品大获成功后，约布设计工作室的比利时 — 荷兰设计师组合约布 · 斯梅茨（Job Smeets）和尼科 · 泰纳格尔（Nynke Tynagel）三年后再次出击，推出了一个全新的系列。这个系列保留了原型的基础设计，但赋予了其新的特征——色彩。该系列与初代产品类似，也采用了平板包装，没有使用任何螺丝或螺栓，完全依赖蜂窝纸板和纸张构建。橱柜的门板、基座和门楣呈现不同的颜色，营造出凸显各个元素的动态构图。该系列提供了 13 种亚光聚氨酯漆，多达十种颜色可供选择，同时还可附加实木贴面。

2012

MELTDOWN FLOOR LAMP
“融化”落地灯

约翰 · 林斯滕（Johan Lindstén）

2012

“融化”落地灯的球体形状不同寻常，其设计灵感来源于 2011 年日本的福岛核泄漏事故，当时瑞典设计师约翰 · 林斯滕正准备踏上前往日本的旅程。林斯滕正是从这场悲剧中寻回了美感，他设计了一款特殊的模具，所有的球形玻璃灯罩都通过这款模具塑形并人工吹制而成。当灯泡被组装到成品灯具上时，它们就如同“融化”在灯罩之中。这款落地灯配有五个或八个玻璃散光器，有两种配色可选：一种是琥珀色、烟草色、玫瑰色、紫水晶色、浅蓝色和鸽灰色的混合搭配，另一种是单色。此外，这个系列也包括台灯和吊灯产品。

WINDMILL POUFS
风车蒲团

康斯坦丝 · 吉塞（Constance Guisset）

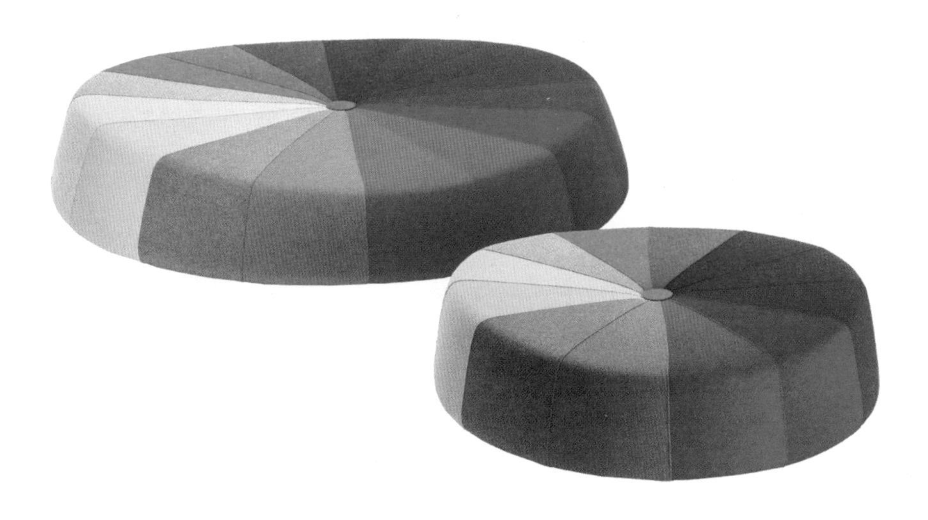

2012

这款给人欢快之感的蒲团有着复杂的碟形外观和彩色的饼状分区，似乎总是处于一种像风车一样的旋转运动的状态，因此得名风车蒲团。设计师康斯坦丝 · 吉塞构想出它们被放置在等候区的场景中，或是用它们为孩子们构筑一块柔软的嬉戏之地。风车蒲团的设计灵感来自色轮，也是丹麦克瓦德拉特公司为庆祝其最受欢迎的面料之一——Hallingdal 65——而设立的项目的一部分。Hallingdal 65 是丹麦设计师南娜 · 迪策尔（Nanna Ditzel）于 1965 年为瓦德拉特公司设计的。2014 年以来，风车蒲团一直由意大利 La Cividina 家具公司生产，提供三种尺寸和不同的高度选择。

KALEIDO TRAYS
卡莱多托盘

克拉拉 · 凡 · 茨威格伯格（Clara von Zweigbergk）

2012

这款托盘设计采用了五种可以相互交错或堆叠的几何形状，并提供 12 种以上的颜色选择。从展示的角度来看，摆放这些托盘会带来无穷的乐趣，同时也便于整齐地存储。这是瑞典平面设计师兼艺术总监克拉拉 · 凡 · 茨威格伯格首次尝试产品设计，并立即获得成功。最初，这些托盘的设计概念是以剪纸的形式呈现的，最终由丹麦 HAY 家居产品公司以钢材制作，表面采用细腻的粉末涂层处理。托盘的颜色不仅包括标准原色，还有翡翠绿、茄紫、杏黄和薄荷色等鲜艳的颜色。

GEO VACUUM JUG

几何系列保温瓶

尼可拉 · 威格 · 汉森（Nicholai Wiig Hansen）

2012

这款屡获殊荣的保温瓶由丹麦知名品牌诺曼 · 哥本哈根精心制作，巧妙地融合了动感的色彩组合与几何图形的视觉交互。无论是盛装热饮还是冷饮，它都能以大胆且现代的姿态应对自如。这款保温瓶由丹麦著名设计师尼可拉 · 威格 · 汉森设计，他在 20 世纪 90 年代中期为宜家设计的三款产品——朱尔斯办公椅（Jules）、夫莱达厨房手推车（Flytta）和 PS 储物柜（PS Locker）——都大获成功。这一次，汉森对色彩与形状之间的关系进行了更加深入的研究。几何系列保温瓶提供六种基本的双色配色，表面采用亚光处理，可通过瓶盖上的一个隐蔽按钮来开启或关闭倒水功能。这个按钮采用了第三种颜色，称得上是一个小惊喜。

COMMON COMRADES SIDE TABLES

COMMON COMRADES边桌系列

如恩设计研究室（Neri&Hu）

2012

该边桌系列包括六张桌子，其设计灵感源于中国古代从业者——“士、农、工、商、皇帝”等使用的凳子。该系列产品由如恩设计研究室的郭锡恩（Lyndon Neri）和胡如珊（Rossana Hu）设计，他们都毕业于哈佛大学，现在定居上海。该系列是他们为荷兰慕伊家具公司设计的首款产品，充满了颠覆传统的创新精神。这些桌子采用实心桦木制作，经过车削或拼接处理，每一张桌子都露出了一小部分天然木质材料，巧妙地展示了慕伊的品牌标识，而其余部分则沉浸在亮丽的红色漆面中。

POKE STOOL
穿插堆叠凳
赵京雄（Kyuhyung Cho）

2012

这款堆叠凳可以说是物如其名，巧妙地让一把凳子的腿从另一把凳子座面上的钻孔“插”进去，实现堆叠功能。虽然从设计本身来看，只能堆叠三把凳子，但如果倒立摆放的话，就能额外堆叠三把。这款凳子由出生于韩国、现定居瑞典的字体设计师赵京雄设计，虽然定位为成人使用，却充满了童真与乐趣。穿插堆叠凳有红色、绿色、蓝色、黄色、黑色、白色和天然橡木色等多种选择，人们可以在娱乐和探索中体验多彩的生活，仿佛回到了童年玩积木的快乐时光。当这些凳子堆叠在一起时，其五彩缤纷的垂直凳腿和水平座面相互交织，形成了类似图腾的展示效果。

PICK 'N' MIX TABLE AND BENCH

“混合糖果”桌子与长凳

丹尼尔 & 埃玛（Daniel & Emma）

该系列桌子与长凳确实像混合糖果一样，五彩缤纷、趣味十足。这些“糖果”由不同的形状和颜色组成，是桌子和长凳的支撑部分。设计师丹尼尔·托（Daniel To）和埃玛·艾斯顿（Emma Aiston）运用独特的视觉手法，将个人品位淋漓尽致地展现了出来。同时，这个系列的作品也受到了孟菲斯运动的深刻影响，经过精心挑选的鲜艳颜色凸显出几何形状的多样性。最终呈现的产品既有可以营造出整体感的全黑色调版本，也有散发出趣味性的彩色版本。桌面材质则有混凝土、卡拉拉大理石和黑色花岗岩等多种选择。

2013

FLOAT SOFA
浮板沙发

凯瑞姆 · 瑞席（Karim Rashid）

2012

浮板沙发有一处巧妙的设计，它的靠背向下延伸，甚至超出了沙发后腿。它既可作为沙发，也可作为房间隔断使用，为客厅注入了新的活力。这款沙发共有五种配置可供选择，包括一款双人座版本、两款低靠背三人座版本，以及两款高靠背三人座版本。用户可以通过选择直角或斜角扶手以及调整左右方向，让沙发形成 11 种变化。为了提高舒适感和美观度，设计师凯瑞姆 · 瑞席还专门为浮板沙发设计了名为“开罗”（ Cairo ）的面料来制作头枕和靠垫，展现了三种几何图案，这些图案灵感来源于西班牙（ 浮板

沙发生产商 Sancal 公司的所在地）的传统瓷砖图案。“开罗”面料有着多种配色方案，如绿色、粉色和灰色的组合。这些颜色和图案与平纹面料巧妙地结合在一起，让浮板沙发散发出别具一格的清新气息。

SPIN 1 RUG
1号螺旋图案地毯

康斯坦丝 · 吉塞（Constance Guisset）

2013

这款令人着迷的地毯由 200 多种柔和的色调组成，其螺旋艺术风格的设计通过一系列重叠的弧线创造出不同色块的交会点，颜色在其中发生轻微的变化。这是设计师康斯坦丝 · 吉塞受几何学和色彩混合研究启发而设计的圆形地毯系列中的第一款，名为“1 号螺旋”。与简约的“2 号螺旋”相比，1 号精致的花朵般的图案在配色上更为微妙，也更具装饰性。两款地毯的直径均为 220 cm，专门为意大利顶级地毯公司诺杜斯（Nodus）打造。诺杜斯地毯以前卫的设计和传统尼泊尔手工编织工艺而闻名。

PION TABLES AND STOOL

棋子桌凳系列

永纳 · 沃特兰（Ionna Vautrin）

2013

该系列作品的设计灵感源自国际象棋棋子，在色彩与形态方面展现出了不俗的实力。法国设计师永纳 · 沃特兰为这个系列的圆锥形底座选择了芥末黄、烟草灰、天空蓝、桃红与橄榄绿等复杂多变的颜色，用高光漆进行渲染。为了营造对比效果，她引入了低光泽度的天然材料，如枫木材质的桌面以及颜色与之相匹配的皮革座面。这个系列最初仅包含两张边桌和一个凳子，如今已经发展成了一个大家族，包括单脚餐桌、双脚餐桌和三脚餐桌等多种类型。

贝森·劳拉·伍德
Bethan Laura Wood

意大利家具品牌莫罗索的艺术总监帕特里齐亚·莫罗索将英国设计师贝森·劳拉·伍德称作一件“有腿、有头、有脑的艺术品”[22]。这当然是指伍德引人注目的形象：妆容大胆而多彩，衣着、首饰和鞋履充满了各种文化元素的混搭，呈现出明亮、浓烈的图案风格。

尽管伍德也承认自己身上充满了“视觉噪声”，但莫罗索在 2018 年米兰设计周邀请她在布雷拉的公司旗舰展厅展出新作品时，发现这位设计师除了引人注目的外表外，还有丰富的内涵。

莫罗索表示，伍德是一个“非常害羞、极其聪明和敏感”[23]的人。她对自己周围的一切都非常敏感，善于借鉴、创新和颠覆自己的观察所得。她会深入研究相关的材料、方法和调色板，以创造出新的面料、形状和纹理。她在向经典致敬的同时，也能够带来极具现代感的设计。

伍德来自英国西米德兰兹郡的什鲁斯伯里，2009 年在意大利设计师马蒂诺·甘珀（Martino Gamper）和荷兰设计师尤尔根·贝（Jurgen Bey）的共同指导下，于伦敦皇家艺术学院获得产品设计专业的硕士学位。她非常感谢两位导师对于她追求色彩和表面装饰的鼓励与支持。

2010 年，伍德在伦敦设计博物馆驻馆期间创作了“微粒堆叠”系列橱柜（Particle Stack）。她从木质板条箱中获得灵感，在制作过程中使用了由意大利阿倍特公司提供的塑料层压板，展现了精细的镶嵌技术。自 2009 年起，伍德开始与这家意大利层压板行业巨头合作。她那时创作的“超级赝品”系列（Super Fake），是通过将层压板切割成精确的形状，形成复杂的新图案。

在影响她的众多因素中，伍德尤为看重墨西哥的建筑与文化地标，以及 1968 年墨西哥奥运会所展现的未来主义平面设计。2013 年，她在墨西哥城的经历让她更深刻地领悟到了墨西哥文化是如何肆无忌惮地拥抱充满色彩与激情的图案的。这段经历也对她为莫罗索、意大利陶瓷品牌比托西和高端皮具公司万莱斯特（Valextra）所创作的众多作品产生了深远影响。这些作品都深刻反映了她在墨西哥的所见所感。

伍德还深深热爱着艺术家爱德华多·包洛奇（Eduardo Paolozzi）的作品，他是英国波普艺术运动的共同创始人。包洛奇为托特纳姆法院路地铁站设计的玻璃马赛克壁画于 1986 年完成，这些壁画作品展现了伍德一直渴望追求的民主设计理念，为她带来了深深的启发。

自从 2013 年伍德与米兰的尼鲁法尔画廊携手在伦敦的阿兰姆精品家居商店举办了首次个人展览后，她便为爱马仕、巴黎之花（Perrier-Jouët）和克瓦德拉特等知名品牌创作了众多限量版委托作品和装置艺术作品。尽管她的设计作品常常因为过于复杂和制作强度大而难以大规模生产，然而近几年，她开始尝试创作一些既保留她一贯的装饰特点，又能实现较大规模生产的作品。

2019 年，德国知名陶瓷制造商卢臣泰（Rosenthal）委托伍德为沃尔特·格罗皮乌斯的全白色经典茶具作品 TAC 设计新的表面装饰。这次合作成功后，卢臣泰又与伍德开展了另一个项目，就是由她创作限量版茶具系列“舌”（Tounge Tea Set）。在设计这个系列的茶具时，伍德巧妙地融入了格罗皮乌斯茶具的一些设计元素。伍德总是能充分利用每一次学习的机会，不断提升自己。

尽管深爱着色彩和图案，但伍德并未一直采取极繁主义的方式。她解释道：“关键是要掌控色彩，但不剥夺它的生命力。不能让色彩太放肆、太喧闹，以至于让人无法专注。”[24]

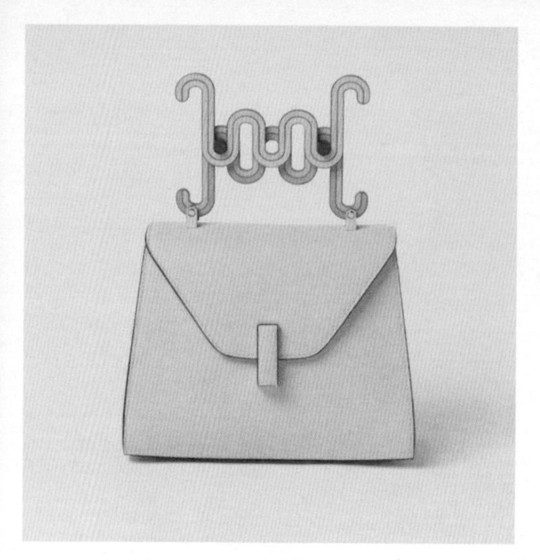

从左上角起顺时针：

“牙膏”手提包，为万莱斯特品牌设计，2018 年春夏款

“狂热墨西哥”织物图案，为莫罗索公司设计，2018 年

茶具系列“舌”，为卢臣泰公司设计，2019 年

瓜达卢普花瓶（Guadalupe Vase），为比托西品牌设计，2016 年

对页：

贝森·劳拉·伍德在位于米兰的莫罗索展厅，2018 年，克雷格·沃尔（Craig Wall）拍摄

BETHAN LAURA WOOD
贝森·劳拉·伍德

“超级赝品”地毯 SUPER FAKE RUG（2018）

伍德为意大利公司 cc-tapis 设计的“超级赝品”系列地毯提供了两种配色方案——大胆的亮色和柔和的色调。这些地毯以层叠岩石形态为灵感，延续了伍德为知名限量版设计画廊尼鲁法尔创作的镶嵌层压板作品的风格。不同于使用塑料碎片制作的水磨石，这些作品采用手工编织羊毛，精致地呈现了岩石的各个切面。作为一位色彩运用大胆的英国设计师，伍德自身便是一则鲜活生动的广告，她将另类的形态与冲突的色调巧妙地融合起来，持续颠覆传统设计观念。“超级赝品”系列地毯为消费者提供四种形状：三角形碎片、经典的圆形、长条形，以及长方形。

TUDOR CABINET

都铎橱柜

基基 · 凡 · 艾克（Kiki van Eijk），约斯特 · 凡 · 布莱斯韦克（Joost van Bleiswijk）

2013

这款橱柜的颜色和图案十分引人注目，它颠覆了传统，将装饰性极强的印花织物与灰白色的木质网格巧妙地结合在一起，令人想起英国都铎王朝时期房屋的外墙装饰。这款橱柜最初推出时有三种色调（蓝色、粉色和绿色）和三种基本造型（拱形、正方形和扁长方形）。来自荷兰的设计师基基 · 凡 · 艾克和约斯特 · 凡 · 布莱斯韦克在丛林般的面料纹理上添加了出人意料的元素——由甲虫、茶壶和棉线卷轴等组成的“宝藏”，暗示人们橱柜内可能珍藏着宝物。这种设计充满趣味性，令人忍俊不禁。

AND A AND BE AND NOT SCREEN
幻境屏风
卡米拉·里希特（Camilla Richter）

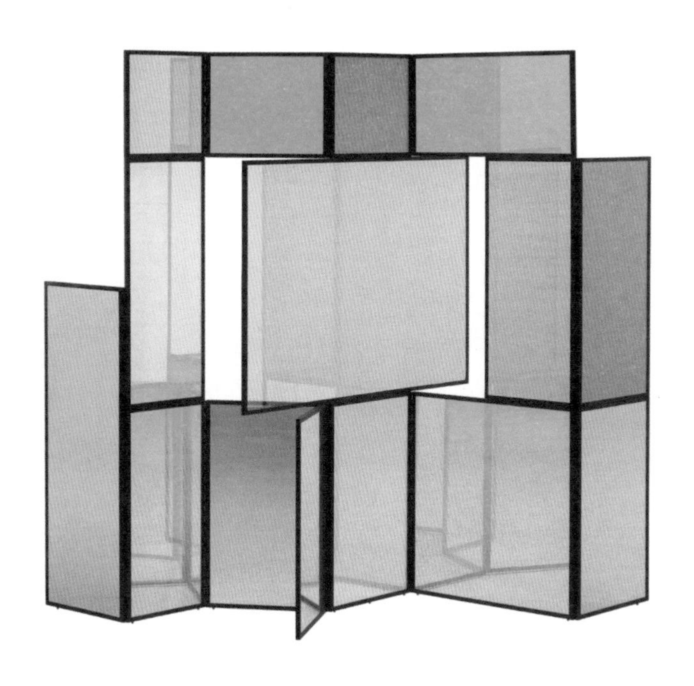

来自柏林的色彩大师卡米拉·里希特利用二向色玻璃和精致的金属框架，创作了这款引人入胜的屏风。这款屏风采用铰链结构，每个屏风面板都可以来回旋转，从而扩展或收缩整体结构。因此，屏风中正方形和长方形的色彩组合会随着室内光线的变化而不断变化，将彩色的光线依次洒落在周围的各种产品和墙壁上。屏风的可折叠设计也意味着多片屏风可以相互堆叠，创造出更为丰富的颜色搭配。尽管这款屏风在科隆和米兰的家具展上亮相后引发了关注，但遗憾的是它并未投入商业化生产，只是作为限量版产品在设计画廊销售。

2012 

WOOD BIKINI CHAIR
木比基尼餐椅

维尔纳 · 艾斯林格（Werner Aisslinger）

2013

德国设计师维尔纳 · 艾斯林格一直以内敛的设计风格闻名，但他于 2013 年完成的作品却展现出丰富的色彩，即木比基尼餐椅的原型和比基尼岛模块沙发（五彩斑斓的拼布工艺沙发外罩令人惊叹）。木比基尼餐椅是为莫罗索公司设计的，以两种迷人的渐变色调呈现：一种是水绿渐变至酸性绿，再至黄色；另一种是红色渐变至粉色，再到暖灰色。在 2013 年米兰家具展上，这款椅子成了莫罗索展区的明星产品之一。如今，餐椅只有单色可供选择，但座面和靠背仍拥有多种软垫选项，白蜡木框架的纹理在亚光漆的作用下更显质感。

REDDISH VESSELS
微红系列陶器
伦斯设计工作室（Studio RENS）

这个系列的产品源自染色陶瓷实验，由伦斯设计工作室的设计师[勒妮·门嫩(Renee Mennen)、斯蒂芬妮·凡·凯斯特伦(Stefanie van Keijsteren·)]与荷兰的 Cor Unum 陶瓷公司共同研发。这些陶器在初次烧制后被放在盛有朱红色液体染料的浅托盘中，放置时间根据所需效果而定——一般为几天或几周。染料会通过渗透作用被陶器吸收，颜色最浓烈的部分在底部，越往上颜色越淡，直到回归黏土本身的天然色调。目前，Cor Unum 陶瓷公司生产的微红系列包含四款产品：Up 花瓶、Down 花瓶、宽浅碗，以及一个小碗。

2013 

CHAIR LIFT FURNITURE
“椅式缆车”家具系列

马蒂诺 · 甘珀（Martino Gamper），彼得 · 麦克唐纳（Peter McDonald）

2014

这个系列是艺术以家具形式展现的典范。该系列家具是为莫罗索公司 2014 年设计周的展览创作的，作为“椅式缆车”艺术装置的一部分呈现，该展览在莫罗索公司的米兰旗舰展厅举办。这些椅子、脚凳和沙发并未投入商业生产，而是作为艺术品在世界各地的设计画廊中展示。该系列家具见证了意大利设计师马蒂诺·甘珀与英日混血艺术家彼得 · 麦克唐纳的一次绝佳合作。家具的基本结构由甘珀在莫罗索公司的工厂内设计完成，而所用面料的图案则由麦克唐纳手绘或精选多种纯色面料拼接而成。该系列家具不仅极具艺术品的雕塑感，还兼顾了作为坐具的使用功能。

COLOR FALL SHELVING

“色彩瀑布”置物架

加思 · 罗伯茨（Garth Roberts）

2014

加拿大设计师加思 · 罗伯茨巧妙运用了一系列不同颜色的水平线条，创造出色彩缤纷的墙面和地面置物架。这些置物架的色彩如瀑布般流淌，与周边的室内环境融为一体，彰显出色彩搭配所蕴含的强大力量。设计师精心挑选了两种配色方案——充满活力的橙色和红色，以及从较为宁静的绿色逐渐转变成粉色和紫色——让白蜡木饰面的橱柜内部散发出迷人的魅力。即便是内部搁板也与整体效果完美融合，多彩的漆面精准还原了条纹的质感。

SEAMS VESSELS
接缝系列陶器
本杰明·休伯特（Benjamin Hubert）

2014

在陶瓷的滑模成型过程中，凸起的接缝一般被认为是一种不良痕迹，而英国设计师本杰明·休伯特却反其道而行之，不仅保留了这些接缝，还将它们融入整体图案中，通过随机旋转模具的各个部分，使得每一件产品都具有独特性。此外，休伯特还选取了五种亚光釉色作为陶器外观的颜色，并为每一件陶器的内部配上与外观互补的颜色，以便让器形更加突出（器形均基于经典的瓶、罐设计）。该系列产品共有五件，由意大利佛罗伦萨的比托西公司生产。

MOLLO ARMCHAIR
悠闲扶手椅

菲利普 · 玛洛因（Philippe Malouin）

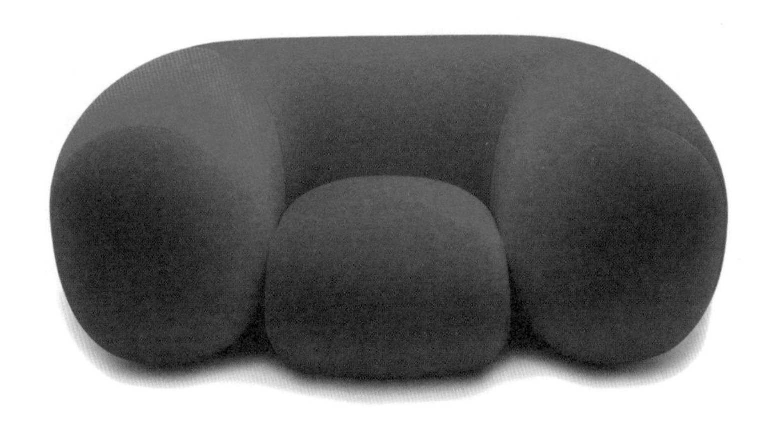

悠闲扶手椅以其充盈的坐垫、柔软的触感和引人入座的舒适度而著称，完全由层叠填充的聚氨酯泡沫制成。扶手和靠背设计独特，像香肠一样圆润，与座面的形状完美契合，各组成部分界线清晰、明确。红色的悠闲扶手椅自带强大气场，而深灰色和深蓝色的版本又显得内敛而低调。这款扶手椅约 180 cm 长、120 cm 深，确实需要相当大的空间才能容纳。“Mollo”（悠闲）这个名字来源于法语中的“vas-y mollo”，是一个古老的口语词，意为“放松、悠闲”。坐在这款扶手椅上，人们很难抗拒放松的感觉。

2014

GEAR VASE

模块装置花瓶

弗洛里斯 · 霍弗斯（Floris Hovers）

2014—2015 受铸铁发动机缸体和齿轮箱的启发，设计师弗洛里斯 · 霍弗斯与 Cor Unum 陶瓷公司合作研发了这款模块装置花瓶。这款花瓶由不同颜色的模块部件组成，这些部件可以通过螺栓相互连接。在每个连接端之间，可以添加独立的中间部件，使花瓶的形状可以根据需求延伸。在现有的七个版本中，4 号花瓶（本页图片所示）由四个中央部分和两个末端部件组成。每个部分都可以从黄色、薄荷绿色、橄榄绿色、粉色、白色或深红色中选择。2019 年，霍弗斯进一步发展了这个概念，创造了“四阶模块装置环”（Four Stage Gear Circle）。在这个作品中，20 个侧面呈锥形的花瓶通过螺栓相互连接，形成了一个色彩缤纷的完美圆环，直径达 1.5 m，这一成果令人赞叹。

ROLY POLY CHAIR

象腿椅

法耶·图古德（Faye Toogood）

2014—2018

象腿椅的命名十分贴切，其厚重的圆柱形椅腿和圆桶形座面与英国 Toogood 公司的其他椅子产品——如简约主义的代表作品“锹椅”（Spade Chair）——大不相同。英国设计师法耶·图古德从自身孕育孩子的经历中汲取灵感，采用透明玻璃纤维手工制作了这款产品，仅限量发售。目前，意大利德里亚德家具公司以旋转模塑聚乙烯材料批量生产可供室内或户外使用的象腿椅，在保留原作魅力的同时还提供多种颜色，如黄褐色（本页图片所示）、砖红色以及肉色等。

SCREEN HANGING ROOM DIVIDER
悬挂式屏风隔断

加姆 - 弗拉泰西设计事务所（GamFratesi）

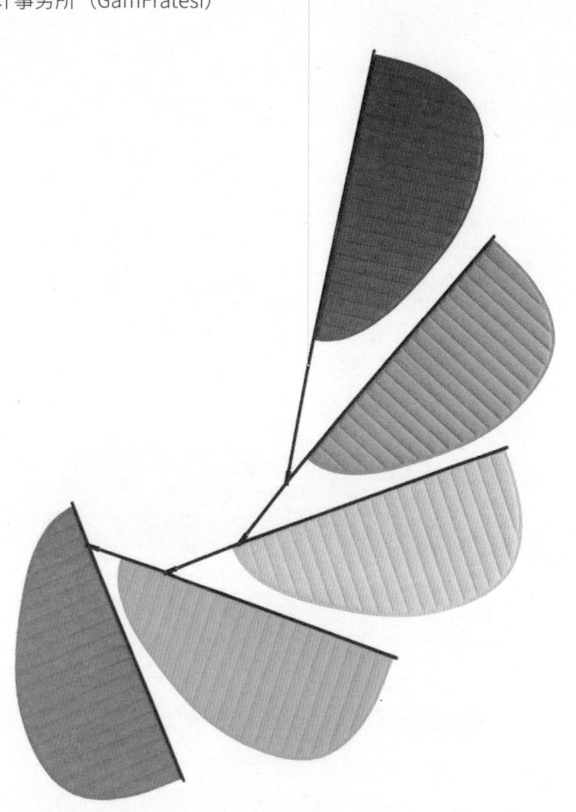

2013—2014 这是一系列不同尺寸的悬挂式屏风隔断，看上去犹如悬浮在空中的彩色花瓣。隔断由热熔焊接的聚酯材料制成，可以用作房间隔断、吸音装置，也可以当成动态的雕塑艺术品。这个作品最初是由丹麦—意大利双人设计师组合斯泰恩·加姆（Stine Gam）和恩里科·弗拉泰西（Enrico Fratesi）为 2014 年斯德哥尔摩家具展上的一次作品展而设计的，当时取名为“平衡”（Balance）隔断。后来，在授权给卡佩里尼家具公司生产时，名字改为略显乏味的“屏风”（Screen）隔断。该系列隔断的不同款式以花瓣形屏风面板的数量命名，3 号屏风为中灰色，4 号屏风为粉色，而 5 号屏风则有两种多色款式和一种米白色款式。

WIRE S#1 CHAISE

S#1不锈钢网摇摇椅

穆勒 & 凡 · 泽韦伦设计工作室（Muller Van Severen）

2016

柔和的色彩与精致、开放的造型是穆勒 & 凡 · 泽韦伦设计工作室作品的主要特色。这个比利时工作室的两位设计师菲恩·穆勒(Fien Muller) 和汉内斯 · 凡 · 泽韦伦 (Hannes Van Severen) 为位于巴塞罗那市郊展示全球建筑奇才的 OFFICE Solo House 项目创作了这款摇摇椅，它是该项目的九件雕塑家具之一。摇摇椅采用不锈钢网制成，不仅具有弹性，还呈现出半透明体量的造型。在色彩方面，这款摇摇椅采用了复古色调，包括翡翠绿、深红色、乳白色，还有未涂漆的版本。

GYRO TABLE
旋涡桌子

布鲁迪 · 尼尔（Brodie Neill）

2015—2016

布鲁迪·尼尔出生在澳大利亚塔斯马尼亚州，后定居伦敦。2015年，他回家乡探亲。在这个过程中，他目睹了大量塑料被冲到布鲁尼岛上，这是一座远离塔斯马尼亚的离岸小岛。看到这样的场景，尼尔立刻决定设计一件作品，参加即将举行的伦敦设计双年展，来呼吁大家关注海洋的塑料垃圾问题。为了完成这件作品，尼尔和工作室的伙伴开始收集和筛选数以吨计的塑料碎片。

旋涡桌子就是他们努力的成果。这款堪称壮观的桌子是用一种再生合成材料制作的，而这种再生合成材料正是由回收的塑料碎片等废弃物制成的，具有水磨石的外观效果。世界各地海滩上的水瓶盖、儿童玩具、捕鱼用的浮漂和各种清洁产品的塑料碎片被回收，然后转化成一件令人惊叹的艺术品。

为这款桌子选择蓝色具有双重意义：一方面，蓝色在传统意义上是海洋的颜色；另一方面，具有讽刺意味的是，海洋塑料最集中的区域也呈现出蓝色。为了探究原因，尼尔联系了位于霍巴特的海洋和南极研究所，了解到海洋生物和海鸟往往会被红色、橙色和黄色等暖色调的塑料所吸引，误以为是小鱼和浮游生物而将它们带走，所以留下的大部分是冷色调的塑料垃圾。因此，选择蓝色也表达了设计师对海洋生态环境的关注和警示。

旋涡桌子表面类似银河的外观效果是在早期测试阶段偶然发现的，在不断的实验过程中得以完善。现在，这一特色已经成了该作品的标志，而构成“海洋水磨石”的数百万个晶体碎片则体现出这个全球性问题的严重性。

这款桌子取名“旋涡”，暗指旋涡是洋流中塑料碎片集中的地方。尼尔希望不仅可以通过展览和有关旋涡桌子的文章来提高公众的认识程度，而且也希望能继续研究如何将塑料碎片应用于未来的产品和项目中。

TOPOGRAPHIE IMAGINAIRE RUG

“虚构的大陆”地毯

玛塔丽 · 克拉赛特（Matali Crasset）

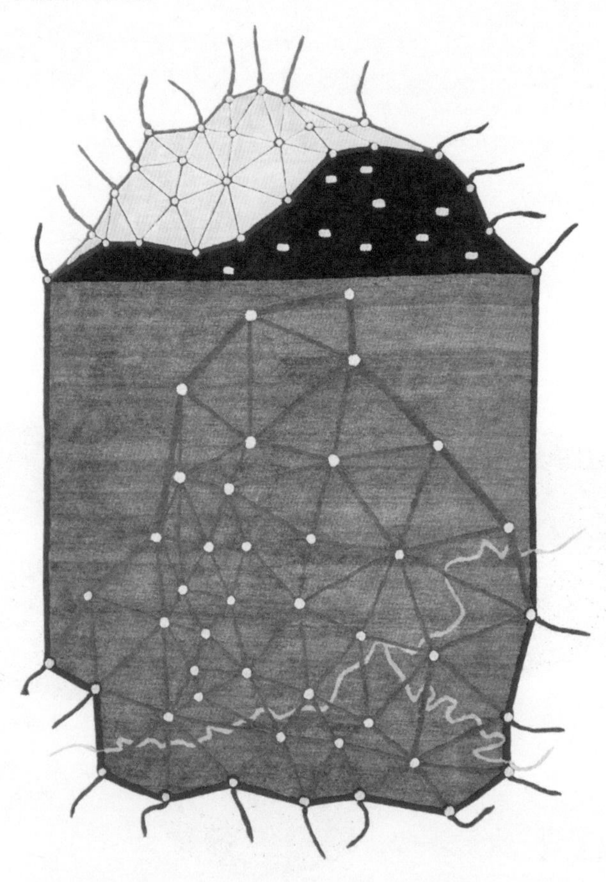

2015

这款地毯融合了几何图形与有机元素，仿佛再现了一个幻想中的国度。其设计灵感源于地图，展示了法国设计师玛塔丽 · 克拉赛特创造的一块虚构大陆的鸟瞰图。图中，绿松石色的线条像道路般串联起各个城市，蜿蜒的线条则代表着河流。大片绿色区域呈现出手工染色的自然变化，而红色的不规则边框与酷似手指的流苏则完善了整个地毯的“海岸线”设计。这款地毯在尼泊尔制造，供诺杜斯地毯公司销售。地毯使用羊毛、竹丝、亚麻和大麻纤维制成，其绒毛有四种高度（4 mm、6 mm、8 mm 和 10 mm），在丰富质感的同时，也更好地划定了“大陆”的不同区域。

MINIMA MORALIA SCREEN

米尼玛·莫拉莱亚屏风

克里斯托夫 · 德 · 拉 · 方丹（Christophe de la Fontaine）

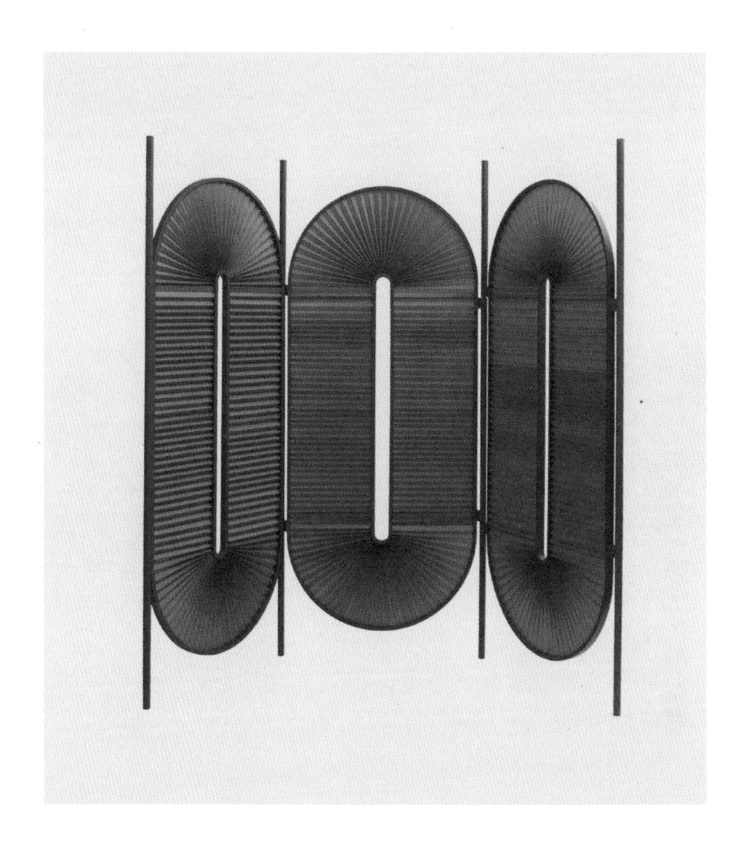

2015

这款落地屏风借鉴了手持折扇的收缩效果，无论是三段式还是四段式，都巧妙地运用褶皱捕捉光线，创造出平面图案，让屏风本身不需要任何额外的装饰。这款屏风由粉末涂层钢和织物制成，最初在 2015 年米兰设计周上展出的屏风为波尔多红、灰和黄色，而现在则用经典的白色和金属香槟色替换了之前的黄色。这款产品精致而具有立体感，每个面板中央都有优雅的长条形窗口，使其在室内空间中形成强烈的建筑感构图。这款屏风出自设计品牌 Dante Goods and Bads 的联合创始人克里斯托夫 · 德 · 拉 · 方丹之手，充分体现了该品牌对工艺的持续关注与重视。

SAM SON ARMCHAIR

SAM SON扶手椅

康斯坦丁·格尔齐茨（Konstantin Grcic）

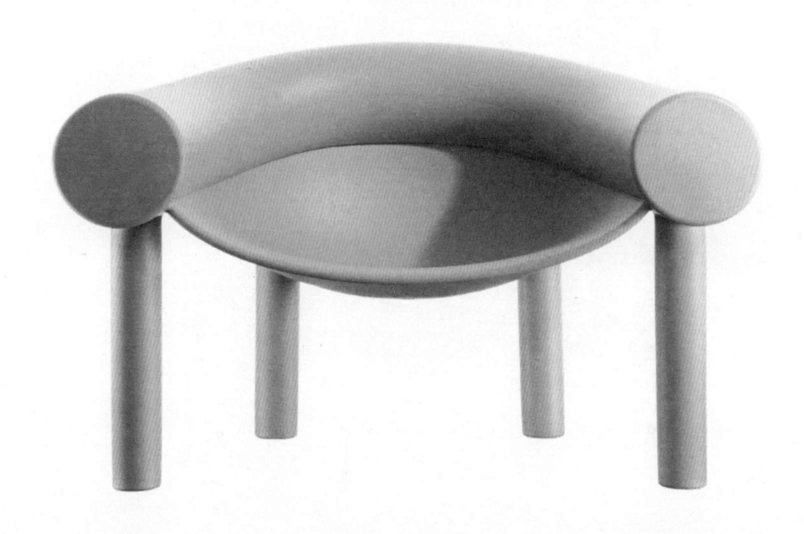

2015

咖喱黄色的家具并不常见，但卡通风格的 Sam Son 扶手椅却打破了这一常规。生产商意大利玛吉斯家具公司推出了多种颜色的 Sam Son 扶手椅，但只有这种独特的咖喱黄色和醒目的鲜红色能够呈现出设计暗含的欢乐氛围。设计师戏称它状似“马蹄形香肠”[25]。Sam Son 扶手椅的两个部分都采用旋转模塑成型的聚乙烯制成，具有不同的耐用程度——扶手和靠背较为柔软，而底座则较为坚硬、结实。

MARK TABLE AND CHAIR
符号桌椅系列

塞巴斯蒂安 · 赫克纳（Sebastian Herkner）

2016

荷兰林特鲁家具公司（Linteloo）在色彩的使用上从不胆怯。他们的符号桌椅系列包括一张三腿实木桌和一把椅子，有七种颜色可选，包括不太常见的 20 世纪 50 年代风格的绿色、褐色和粉色，以及较常见的红色、蓝色、黑色和白色，除此之外，还可以选择未上色的天然白蜡木款。这个系列的家具由白蜡木实木板制成，倒角和斜面的设计让宽大的桌腿看起来轻盈了许多。设计师塞巴斯蒂安 · 赫克纳探索了如何将平面与强烈的色彩结合在一起的问题，创造出了图形化的、具有符号象征含义的产品。椅子的 T 形靠背是整个设计的亮点所在，并成功避免了人们只关注其大胆的用色，而忽视了其外形的特点。

UTRECHT (637) ARMCHAIR/ BOXBLOCKS FABRIC
乌特勒支扶手椅(637型)/盒子图案织物

格里特 · 里特维尔德（Gerrit Rietveld），伯特扬 · 波特（Bertjan Pot）

2016

乌特勒支扶手椅最初以棕色帆布作为饰面，又用醒目的几何图案重新装饰，以延续它的辉煌，似乎有些不合常理。不过，这款盒子图案织物属于设计师的几款复兴设计之一，它们都应用在了里特维尔德具有开创性的块状造型作品上。

乌特勒支扶手椅于1935年由荷兰设计师格里特·里特维尔德设计，并以他的出生地命名。在第二次世界大战爆发前，阿姆斯特丹著名的梅斯百货公司(Metz & Co)短暂地生产过这款扶手椅。然而，二战的爆发中断了几乎所有奢侈品的生产。二战后，乌特勒支扶手椅原本沉闷的帆布软垫被一系列颜色较为鲜艳的羊毛面料取代，并在之后的几十年里一直保持不变。

1971年，意大利卡西纳家具公司获得了里特维尔德家具的生产权，他们针对乌特勒支扶手椅进行了一些外观上的细微调整，后来在1988年重新推出了这款椅子，用户可以选择在接缝处采用“人”字形缝线或者加上一块毯子。2017年，为了庆祝卡西纳家具公司成立90周年，公司特别委托荷兰设计师伯特扬 · 波特专门为乌特勒支扶手椅设计了一款全新的织物图案。

波特表示：“大多数图案都可以被归为两类。一类是强调形状的图案，如条纹或块状图案；另一类则是让形状变得炫目的图案，如迷彩印花或大型花朵图案。这款盒子图案则兼具这两种特点。”[26]

盒子图案是专为乌特勒支扶手椅设计的，尺寸精确贴合形状。该织物有三种配色方案，共推出限量版产品270件(每种配色90件)。织物在数控提花机上制作，以确保图案不会重复。该设计采用八种彩色丝线，成对组合后形成19种颜色。重复的几何图案凸显了椅子的体量，同时，色彩斑斓的三角形交替出现，令人着迷。

sedile

TRICOLORE VASES
三色花瓶

塞巴斯蒂安 · 赫克纳（Sebastian Herkner）

2017

将两种颜色层叠放置，以创造出新的颜色，是一种简单但有效的玻璃产品设计技巧。塞巴斯蒂安 · 赫克纳的三色花瓶系列提供了三款花瓶（SH1、SH2 和 SH3），每一款都采用了两个独立且不同的彩色圆柱体，一个套在另一个外面。在开发过程中，设计师的目标是改进花瓶的颜色、大小和壁厚，以实现这种层次感，并产生最大的视觉冲击。丹麦 &Tradition 公司找到了一家优秀的波希米亚玻璃工厂来制作该产品，以确保这些具有异国风情的颜色能表达出设计师想象中的宝石的质感，并在花瓶中得到体现：琥珀和青金石、黄玉和红宝石、孔雀石（绿色）和金鸡菊（棕红色）。

BLUE CANDLEHOLDERS

靛蓝烛台

托马斯 · 达里埃尔（Thomas Dariel）

2017

这款烛台只采用了引人注目的靛蓝色。这种颜色为精巧的结构赋予了强烈的力量感和坚实性。烛台结构由激光切割后层压的钢材制成。生于法国、定居上海的设计师托马斯 · 达里埃尔，运用微妙的不对称性，颠覆传统的配对概念，带来一种富有情趣的新选择。靛蓝烛台融入了圆形元素，致使两根蜡烛不在同一高度上，从而巧妙地打破了对称。这种设计将现代美学与传统烛台巧妙地结合在一起，如锥形烛滴盘与厚重的圆顶底座，都彰显出传统与现代交融的优雅魅力。

FILO TABLE LAMP
菲洛系列台灯

安德烈亚·阿纳斯塔西奥（Andrea Anastasio）

2017

当一个灯具系列中的产品以紫水晶皇后和绿宝石国王之类的词语命名时，可以确定，颜色一定是设计中最重要的因素。确实，色彩丰富的灯具框架、电线，以及珠子造型的穆拉诺玻璃灯泡，让菲洛系列灯具有了独特的装饰上的吸引力。菲洛系列灯具包括台灯、壁灯和落地灯三种款式，每种款式有八种颜色组合，看起来就像被分解后又巧妙地重组在一起。大多数灯具都会尽力隐藏连接的电线，而菲洛系列灯具却以此为特色，让原本只具有功能性的电线也变得极具装饰性。

FONTANA AMOROSA PARACHUTE LIGHT
降落伞吊灯

迈克尔·阿纳斯塔夏季斯（Michael Anastassiades）

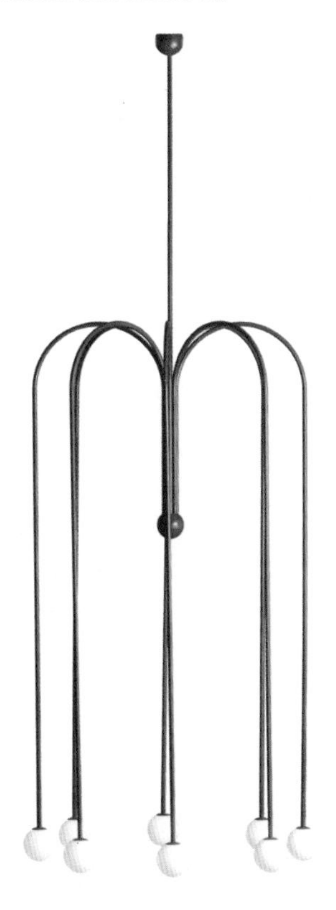

2017

颜色的选择并不仅仅关乎油漆的种类——阿纳斯塔夏季斯在这款产品中没有使用油漆，而是采用了传统的处理方式，让黄铜产生一种特殊的红色。这位来自伦敦的设计师和概念照明设计天才为尼鲁法尔画廊创作了降落伞吊灯，作为丰塔纳·阿莫罗萨系列灯具的限量版产品。这个系列以他的家乡塞浦路斯的一个淡水池命名，与爱神阿芙洛狄忒的传说有关。丰塔纳·阿莫罗萨系列灯具被设计师形容为“喷泉和烟花”的组合——包括四款吊灯、五款落地灯和两款壁灯，每款灯具都拥有呈现深红色色调的纤细的拱形黄铜臂和多个乳白色吹制玻璃球灯罩。

CARYLLON DINING TABLE
卡丽隆餐桌

克里斯蒂娜 · 切莱斯蒂诺（Cristina Celestino）

2018

意大利设计师克里斯蒂娜 · 切莱斯蒂诺将她对色彩和装饰的热爱融入曲木家具的设计中，她的设计风格以简约和内敛而闻名。这款餐桌是她为维也纳索尼特兄弟家具公司设计的，该公司如今是全世界最具影响力的曲木家具生产商之一。切莱斯蒂诺巧妙地运用方形木材作为桌子互锁框架的部件，而非寻常的圆形木材。她从传统的稻草镶嵌工艺（straw marquetry）中汲取灵感，制作出花纹繁复的桌面。这款餐桌首先以酒红色推出，呈现一种复杂的红色色调，随后又推出了 16 种颜色。桌子的框架采用纯色漆面，而华丽的桌面则采用半透明染色。

PLISSÉ ELECTRIC KETTLE
褶纹电水壶

米歇尔·德·卢奇（Michele De Lucchi）

2018

褶纹的设计优雅地赋予了厨房电水壶雕塑般的艺术魅力。其设计灵感源于三宅一生礼服的动感线条。上窄下宽的细长凹槽紧紧环绕着壶身，当光影在壶身上交织的时候，便营造出礼服般不断变化的视觉效果。出水嘴和把手的设计也融入了强烈的几何元素，凸显出力量感。这款水壶以热塑性树脂制成，无论是内敛的黑色、白色、灰色，还是张扬的红色，都是对其设计者——意大利现代设计的杰出人物米歇尔·德·卢奇——建筑史背景和他对色彩与图案的终生热爱的有力诠释。

TAPE MODULAR SOFA SYSTEM
条形模块沙发系统
本杰明·休伯特（Benjamin Hubert）

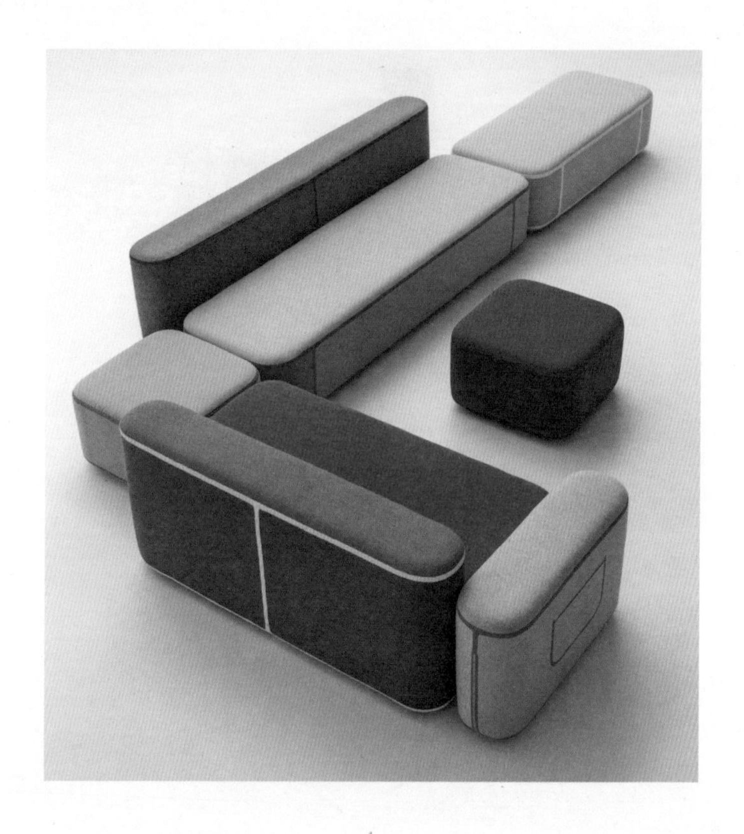

2018

模块沙发一般在色彩上不会太过突出，但这款沙发却与众不同。条形模块沙发系统不仅在颜色上大胆创新，在制作工艺上也别具一格。它的设计者，英国设计师本杰明·休伯特与莫罗索公司合作，将废弃的布料拼接起来，用热熔胶黏合，而非采用传统的缝纫方式。这种创新方式不仅体现在对沙发各个模块的颜色选择上，更体现在用对比色和互补色的热熔胶黏合面料连接处。这种技术常见于制作单板滑雪鞋、滑雪服、远足装备和登山装备等。该产品的座位块和彩色胶带的组合更加凸显了沙发系统的模块化特点。

GARDEN OF EDEN RUG
伊甸园地毯

因迪亚·马赫达维（India Mahdavi）

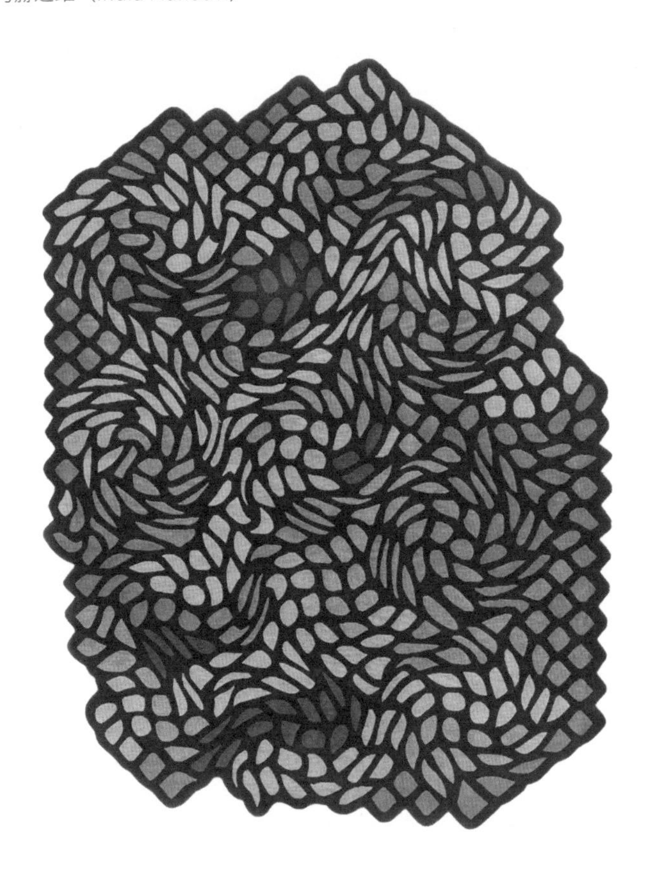

2018 

设计师因迪亚·马赫达维受到波斯花园的启发，为戈兰地毯公司（Golran）设计了这款地毯。他运用几何和重复的手法，创造出起伏和动态的错觉。其中的一款不规则形状的地毯，其边缘呈现出自然生长的树叶轮廓；另一款地毯则采用了经典的矩形，以不太严格的网格基础突出展示树叶图案。这款地毯有四种配色，分别以月份命名，让人联想到四季：三月（本页图片所示）是翠绿色，六月是稻草的颜色，九月是秋天的色调，而十二月则是呈现鲜明对比的米白色和黑色。每块地毯都采用传统的手工编结和染色技术制成，表面柔和，绒毛较短，最大限度地增强了图案的视觉效果。

BLISS RUG
幸福地毯
梅·恩格勒（Mae Engelgeer）

2016—2018　幸福地毯是一系列圆形、矩形和不对称地毯中引人注目的一款，荷兰织物设计师梅·恩格勒因其迷人的色彩搭配而将其命名为“幸福”，因为它具有“温柔亲切”的特质。恩格勒的设计涵盖了织物、墙纸、地毯以及刚完成不久的家具，始终融入她独特的色彩运用方式。在幸福系列中，她探索了圆形设计，大胆采用了颇具孟菲斯风格的元素，但色彩更加柔和。这些地毯采用传统的手工编结技术，使用西藏羊毛手工纺织，并与丝绸一起手工染色，创造出恩格勒所说的“室内空间的珠宝”。

TOTEM FLOOR LAMPS
图腾落地灯

萨比娜 · 马塞利斯工作室（Studio Sabine Marcelis）

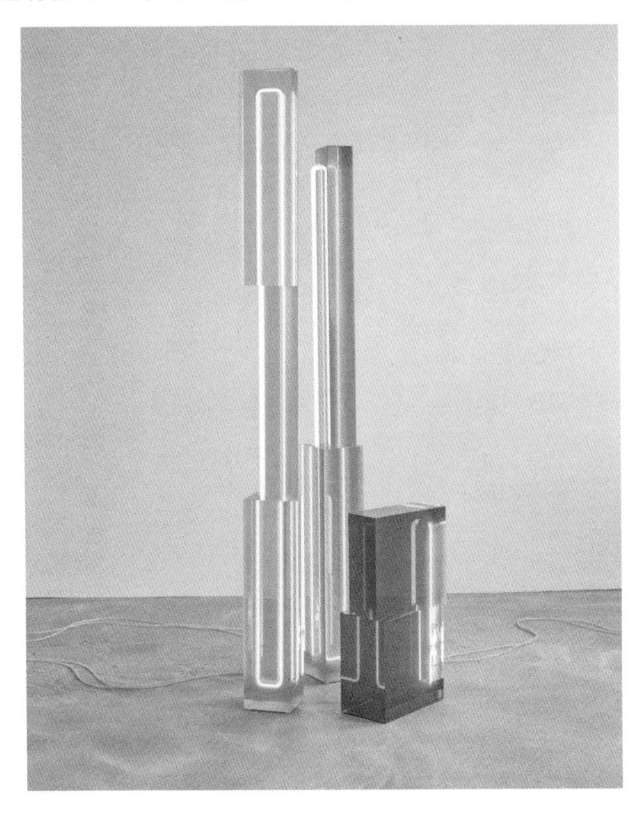

2018—2019

荷兰设计师萨比娜 · 马塞利斯对光及其穿过材料时所展现的特质一直十分着迷，因此她的作品经常使用树脂或霓虹灯。图腾落地灯正是两者的完美结合。迷人的糖果色落地灯散发着霓虹灯的独特光芒，不禁让人联想到石榴、玫瑰水和橙花等极具东方气质的元素。2018 年，她首次为西班牙专门发行限量版艺术品的 Side 画廊创作了图腾系列，成功展现了霓虹灯管与雕塑树脂块的混搭效果。经过 2019 年的持续探索，她再次创作出了图腾系列产品，限量发行 12 件，并附赠两件创作者的样品。

DOLLS CHAIR
洋娃娃椅

Raw-Edges 设计工作室（Raw-Edges）

2019

谢伊 · 阿尔卡雷和雅艾尔 · 梅尔，这对夫妻档是伦敦 Raw-Edges 设计工作室的创始人，他们在色彩、形式和材料的创新运用方面处于领先地位。他们的设计理念的关键在于解构和构建，通过切割或叠加材料来创造新的色彩。他们为路易威登（Louis Vuitton）具有实验性色彩的生活艺术家具系列（Objets Nomades Collection）设计了限量版洋娃娃椅系列。洋娃娃椅是由三个元素——座面、底座和外壳组成的模块化产品。就像为洋娃娃穿衣服一样，座椅可以用天鹅绒、印花亚麻布或皮革装饰，也有热带印花布和皮草可供选择。

BUTTERFLY CONSOLE

蝴蝶电视柜

汉内斯 · 佩尔（Hannes Peer）

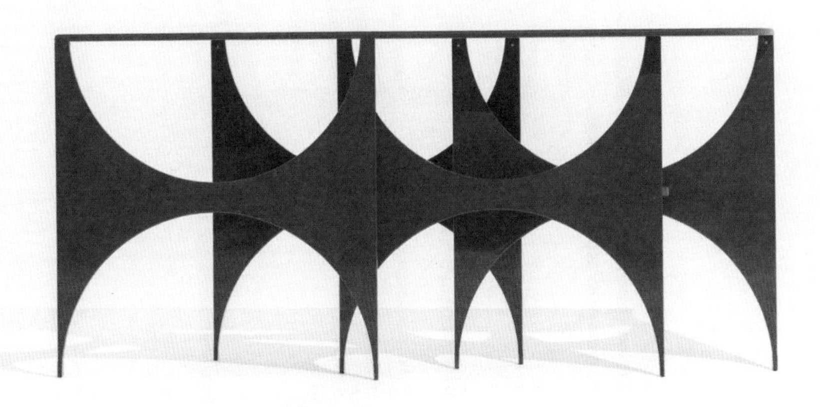

2019

这款电视柜致敬了塞尔吉奥 · 穆斯梅奇（Sergio Musmeci）在意大利南部城市波坦察设计的一座桥梁的网状混凝土结构。设计师佩尔采用了重叠的拱形设计，创造出一种同样引人深思的形式。他将这些拱门比喻为“公鸡的鸡冠”[27]，或者费德里科 · 费里尼（Federico Fellini）梦境中医院修女的帽子。从电视柜不透明的水泥树脂饰面上可以明显看出类似桥梁的结构，在饱和的彩色饰面下，这种类比就变得比较隐晦了。该系列产品有三种颜色——红色、蓝色和绿色，都创造出了一种类似上釉陶瓷的表面效果。

APOLLO DINING CHAIR

阿波罗餐椅

拉腊·博欣茨（Lara Bohinc）

2019

阿波罗餐椅是天象仪系列中的一款，天象仪系列延续了博欣茨早期卫星轨道家具系列（Orbit）对“天体”形状的探索。过去，这位来自伦敦的设计师使用对比鲜明的面料来平衡方形截面的青铜和黄铜镀层框架，而现在她在框架和软垫上采用了统一的色调。这款单色产品有红色和蓝色两种颜色可供选择，强调了框架所营造的体量感。金属框架用不锈钢制作，圆柱形软垫则采用羊毛制成。天象仪系列包括三把椅子（一把餐椅和两把扶手椅）、两个靠枕、一个情侣座椅、一个电视柜和一系列灯具，所有产品都以太空为主题，并采用了饱和色。

DISTRICT FABRIC
大色块织物图案

凯莉 · 韦斯特勒（Kelly Wearstler）

美国设计师凯莉 · 韦斯特勒因其将不同寻常的复古家具与现代家具完美结合，以及在室内设计中大胆运用色彩和图案而闻名。在为美国纽约的纺织品品牌李 · 乔法（ Lee Jofa ）设计的第五个系列产品中，她巧妙运用了色彩对比和不同大小色块的组合，以类似早期立体主义艺术家布拉克（ Braque ）和毕加索（ Picasso ）使用过的超大色块展现出独特的视觉效果。这些色块在深色背景框架中融入亮色，呈现出强大的视觉冲击力。该系列图案在意大利纯亚麻布上印制，有七种色调可供选择，包括深红色(本页图片所示)、杏黄色、深蓝色、黄褐色、烟草色，以及柔和的胭脂红和米色这样的中性色调。此外，这个系列还包括墙纸，提供五种配色。

2019

TALLEO TALLBOY

塔莱奥高脚柜

亚当 & 亚瑟（Adam&Arthur）

2019—2020 自 2018 年在米兰设计周上首次展示令人眼花缭乱的“绽放”（Bloom）项目以来，澳大利亚工业设计师亚当 · 古德勒姆和法国稻草镶嵌工艺师亚瑟 · 塞涅尔（Arthur Seigneur）一直在积极地推广他们的设计和调色板。塔莱奥高脚柜是“精致的尸体”（Exquisite Corpse）系列中的三款限量版作品之一。“精致的尸体”是一种特殊的艺术合作，参与者在不知道其他人的创作内容的情况下，逐步完成一个整体作品。亚当 & 亚瑟在创作这个系列的时候采用了类似的方法。古德勒姆设计了最初的形式和图案，通过交流想法和不断调整，他们二人就设计达成了一致意见，然后将 15 000 多根手工染色的黑麦麦秆镶嵌在作品上。

CHUBBY TEAPOT
胖茶壶
洛瑞琳 · 加利奥（Laureline Galliot）

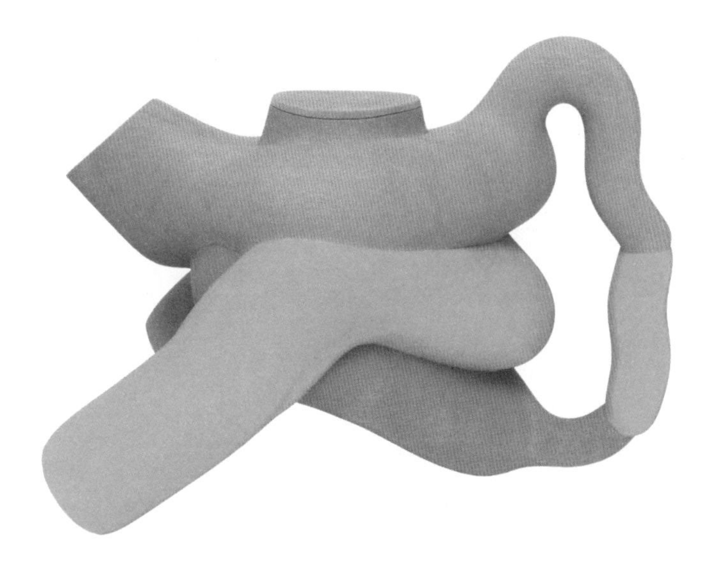

2020

胖茶壶是洛瑞琳 · 加利奥的代表作品，不同颜色的体量相互交织、同时生成，呈现出肥厚、宽大的色彩交错带。在加利奥的作品中，色彩始终是构成整体结构不可或缺的一部分，而非只是后续的表面装饰。这一创作理念的灵感是从表现主义画家那里汲取的，他们运用颜料塑造主题，而非仅仅用色彩填充草图的轮廓。通过运用虚拟建模和全彩 3D 打印等前沿技术，加利奥成功实现了这一创作理念。这位巴黎设计师运用虚拟现实面具和数字绘画工具打造出了她的限量版作品，她将自己视作一个画家，深入探索装饰与形状之间的对话。

注释

此部分内容是正文中引文内容的出处，为保证准确性及便于读者检索，此部分保留原版图书的语言，不作翻译。

1
'The more we see that colour always deceives us' Josef Albers, 'My Courses at the Hochschule für Gestaltung at Ulm', Josef Albers Minimal Means, Maximum Effect, Fundación Juan March, Madrid, 2014, p. 276, <https://monoskop.org/images/1/10/Josef_Albers_Minimal_Means_Maximum_Effect_2014.pdf>.

2
'In Mexico, art is everywhere' 'Josef and Anni Albers artists biographies', The Josef and Anni Albers Foundation, <https://albersfoundation.org/artists/biographies>.

3
'mainly made of air' Harry Bertoia, quoted in 'Diamond Chair', Knoll, 2014, <https://www.Knoll.com/document/1352940812739/Knoll_BertoiaDiamond_Cutsheet.pdf>.

4
'Girard taught us that business ought to be fun' Hugh De Pree, quoted in Leslie Piña, Alexander Girard Designs for Herman Miller, Schiffer Design Books, Atglen, 1998, p. 10.

5
'Nothing was left untouched' Braniff International Airways advertisement, Life, 59–26, 24 December 1965, <https://books.google.com.au/books?id=EEwEAAAAMBAJ&lpg>, p. i.

6
'a milestone in the history of contemporary design' Guilio Cappellini, quoted in Liam Tilbrook, 'Cappellini reissues Joe Colombo's classic 1960s Tube Chair', Dezeen, 31 July 2016, <https://www.dezeen.com/2016/07/31/cappellini-reissues-joe-colombo-classic-1969-tube-chair/>.

7
'Most people spend their lives living in dreary, grey-beige conformity' Verner Panton, quoted in 'When a designer turns the chair world upside down', Vitra, 5 April 2019, <https://www.Vitra.com/en-au/magazine/details/original-cone-chair>.

8
'All my objects are like characters' Alessandro Mendini, quoted in Marcus Fairs, 'There is no more ideology in design', Dezeen, June 26 2015, <https://www.dezeen.com/2015/06/26/alessandromendini-interview-no-more-ideology-design-magazinesKartell-claudio-luti-proust-chair/>.

9
'I have always treated the matter of colour in a very instinctive way' Alessandro Mendini, quoted in Stefano Casciani, 'Interview with Alessandro Mendini', in Rem Koolhaas, Norman Foster, and Alessando Mendini, Colours, Birkhauser, 2001, p. 239.

10
'homage to chaos' Humberto Campana, 'Campana Brothers on the Vermelha Chair' [video], Youtube (uploaded 7 September 2014), <https://www.youtube.com/watch?v=S-2pq88ftHk>.

11
'against the flatness of the conventional colour industry' Hella Jongerius, Q&A at Breathing Colour exhibition, Design Museum London, 2017, transcript supplied by the designer's studio.

12
'Experiencing colour is completely dependent on its physical, visual, artistic and cultural context' Hella Jongerius, Q&A at Breathing Colour exhibition, Design Museum London, 2017, transcript supplied by the designer's studio.

13
'It's amazing how influential colour actually is' Nipa Doshi, quoted in Melissa Taylor, 'A Culture of Colour Doshi Levien', FranklinTill, July 2018, <https://www.franklintill .com/journal/a-cultureof-colour-doshi-levien>.

14
'she's painting and creating colours' Jonathan Levien, quoted in Suzy Anettea, 'In Conversation with Doshi Levien', design anthology, <https://designanthologymag.com/story/doshi-levien>.

15
'It was really important that no matter what angle you looked at it from, it was poetic' Doshi Levien, 'Doshi Levien's furniture for Moroso "challenges perceptions"' [video], Youtube (uploaded 14 November 2014), <https://www.youtube.com/watch?v=9SGb_9kOgvU>.

16
'On each project you have to push your idea of colour' Nipa Doshi, quoted in Melissa Taylor, 'A Culture of Colour Doshi Levien', FranklinTill, July 2018, <https://www.franklintill.com/journal/a-culture-ofcolour-doshi-levien>.

17
'functioning as a classy wardrobe with a variable composition and well-measured compartments' Maarten de Ceulaer, quoted in Matylda Krzykowski, 'A Pile of Suitcases by Maarten de Ceulaer', Dezeen, 23 October 2008, <https://www.dezeen.com/2008/10/23/a-pile-of-suitcases-by-maarten-de-ceulaer/>.

18
'For us, design is not a cerebral process' Carole Baijings, quoted in Louise Schouwenberg, Reproducing Scholten & Baijings, Phaidon, London, 2015, p. 42.

19
'It's not about getting from A to B' Stefan Scholten, 'Design Profiles Scholten & Baijings' [video], Cfile.Daily (uploaded 28 July 2014), <https://cfileonline.org/video-scholten-baijingsinterview-dutch-profiles/>.

20
'Our work is about colour, layering and patterns' Carole Baijings. 'Vogue Living The design philosophy of Scholten & Baijings co-founder Carole Baijings' [video], Youtube (uploaded 17 March 2019), <https://www.youtube.com/watch?v=ehBafFhKRBo>.

21
'If I follow the grid it gets too rigid for me' Vibeke Fonnesburg Schmidt, 'Suspension Bau by Normann Copenhagen (interview Vibeke Fonnesburg Schmidt) – Made in Design' [video], Youtube (uploaded 10 October 2014), <https://www.youtube.com/watch?v=splfQa0ZBYg>.

22
'A work of art with legs, head and brain' Patrizia Moroso, 'Bethan Laura Wood + Patrizia Moroso' [video], Youtube (uploaded 22 April 2018), <https://www.youtube.com/watch?v=0NvwCl4ef4I>.

23
'quite shy ... highly intelligent and sensitive' Patrizia Moroso, 'Bethan Laura Wood + Patrizia Moroso' [video], Youtube (uploaded 22 April 2018), <https://www.youtube.com/watch?v=0NvwCl4ef4I>.

24
'It is about controlling colour without stifling it' Bethan Laura Wood, quoted in Riya Patel, 'A taste of Bethan Laura Wood', Icon, 7 May 2015, <https://www.iconeye.com/design/features/item/11875-a-taste-of-bethan-laura-wood>.

25
'horseshoe-shaped sausage' Konstantin Grcic, 'Sam Son / Easy Chair / Magis', <https://konstantin-grcic.com/projects/sam-son/>.

26
'Most patterns can be classified into two categories' Bertjan Pot, 'Boxblocks', <https://www.bertj

anpot.nl/work/boxblocks/>.

27
'crests of a free-range rooster' Hannes Peer, email interview with the author, 12 August 2019.

Back cover
'One sits more comfortably on a colour that one likes' Verner Panton, Notes on Colour, Danish Design Centre, Bertjan Pot, 'Boxblocks', <https://www.bertjanpot.nl/work/boxblocks/>. P. 299

参考书目

为方便读者检索资料，此部分保留原版图书的语言，不作翻译。

Albers, Josef, ***Interaction of Color (50th Anniversary Edition)***, Yale University Press, Connecticut, 2013.

Albus, Volker, Reyer Kras, and Jonathan M. Woodham, eds., ***Icons of Design: The 20th Century***, Prestel Publishing, Munich, 2004.

Antonelli, Paola, and Steven Guarnaccia, ***Achille Castiglioni***, Corraini Editore, Mantua, 2000.

Bem, Merel, Inga Powilleit, and Tatjana Quax, ***How We Work: The Avant-garde of Dutch Design***, Lecturis, Eindhoven, 2014.

Bernsen, Jens, ***Hans J Wegner: on Design***, Danish Design Centre, Copenhagen, 1995.

Böhm, Florian, ed., ***KGID Konstantin Grcic Industrial Design***, Phaidon, London, 2005.

Bosoni, Giampiero, ed., ***Made in Cassina***, Skira, Milan, 2009.

— ***Il Modo Italiano: Italian Design and Avant-garde in the 20th Century***, Skira and the Montreal Museum of Fine Arts, Milan, 2006.

Bouroullec, Ronan and Erwan, David Toppani, Claude Aïello and Giulio Cappellini, ***Ronan and Erwan Bouroullec***, Phaidon, London, 2003.

Byam Shaw, Ros, ***Spectrum: Heritage Patterns and Colours***, Thames & Hudson and Victoria and Albert Museum, London, 2018.

de Dampierre, Florence, ***Chairs: A History***, Abrams, New York, 2006.

Darwent, Charles, ***Josef Albers: Life and Work***, Thames & Hudson, London, 2018.

Dixon, Tom, ***Industry***, Design Research Publishing, London, 2010.

Droste, Magdalena, and Bauhaus-Archiv, ***Bauhaus: 1919-1933***, Taschen, Cologne, 2006.

Dry, Susan, ***Art Deco and Modernist Carpets***, Thames & Hudson, London, 2002.

Engholm, Ida, and Anders Michelsen, ***Verner Panton***, Phaidon, London, 2018.

Fiell, Charlotte and Peter, ***1000 Chairs***, Taschen, Cologne, 1997.

— ***Industrial Design A-Z***, Taschen, Cologne, 2016.

Fiell, Charlotte and Peter, eds., ***1000 Lights***, Taschen, Cologne, 2006.

Fox Weber, Nicholas, and Martin Filler, ***Josef & Anni Albers: Designs for Living***, Merrell Publishers, London, 2004.

Galli, Marta, NCS Colour, Triton, and De La Espada, ***COL-OUR***, Nichetto Studio exhibition publication, Milan, 2015.

Gura, Judith, ***Post Modern Design Complete***, Thames & Hudson, London, 2017.

Holmsted Olesen, Christian, ***Wegner: Just One Good Chair***, Hatje Cantz and Designmuseum Danmark, Berlin, 2014.

Horn, Richard, ***Memphis: Objects, Furniture, and Patterns***, Running Press, Philadelphia, 1985.

Junte, Jeroen, ***Hands on Dutch Design in the 21st Century***, W Books, Netherlands, 2011.

Klanten, Robert, Sven Ehmann, Andrej Kupetz, and Shonquis Moreno, eds., ***Once Upon a Chair***, Gestalten, Berlin, 2009.

Koolhaas/OMA, Rem, Norman Foster, and Alessandro Mendini, ***Colours***, Birkhäuser, Basel, 2001.

Lees-Maffei, Grace, ***Iconic Designs: 50 Stories About 50 Things***, Bloomsbury Publishing, London, 2014.

Magistretti, Vico, ***Le Parole Illustrate***, Fondazione Vico Magistretti, Milan, 2010.

Myerson, Jeremy, and Sylvia Katz, ***Conran Design Guides: Lamps and Lighting***, Chapman & Hall, London, 1990.

Neuhart, John, Marilyn Neuhart, and Ray Eames, ***Eames Design***, Abrams, New York, 1989.

Oldham, Todd, and Kiera Coffee, ***Alexander Girard***, AMMO Books, California, 2011.

Poletti, Raffaella, ***Zanotta: Design for Passion***, Mondadori Electa, Milan, 2004.

Polster, Bernd, Claudia Neumann, Markus Schuler, and Frederick Leven, ***The A-Z of Modern Design***, Merrell Publishers, London, 2006.

Raizman, David, ***History of Modern Design***, Laurence King Publishing, London, 2003.

Remmele, Mathias, ***Jean Prouvé/Charles & Ray Eames: Constructive Furniture***, Vitra Design Museum, Weil am Rhein, 2002.

Rouland, Steven and Linda, ***Knoll Furniture: 1938-1960***, Schiffer Publishing Ltd, Pennsylvania, 1999.

Rowlands, Penelope, ***Jean Prouvé***, Chronicle Books, San Francisco, 2002.

Ryder Richardson, Lucy, ***100 Midcentury Chairs and their stories***, Pavilion Books, London, 2016.

Schouwenberg, Louise, ***Reproducing Scholten & Baijings***, Phaidon, London, 2015.

Sembach, Klaus-Jurgen, ***Modern Furniture Designs: 1950-1980s***, Schiffer Publishing Ltd, Pennsylvania, 1997.

Serraino, Pierluigi, ***Saarinen***, Taschen, Los Angeles, 2005.

van Geest, Jan, ***Jean Prouvé***, Taschen, Cologne, 1991.

Védrenne, Élisabeth, ***Charlotte Perriand***, Assouline, Paris, 2005.

— ***Pierre Paulin***, Assouline, Paris, 2004.

Wilk, Christopher, ***Marcel Breuer: Furniture and Interiors***, Museum of Modern Art, New York, 1981.

Wilk, Christopher, ed., ***Modernism 1914-1939: Designing a New World***, V&A Publications, London, 2006.

Wolters, Pleun, ed., ***Maarten Van Severen: Addicted to Every Possibility***, The Maarten Van Severen Foundation with Lensvelt, Netherlands, 2014.

设计师、产品及品牌索引

Y

Z

图片版权信息

为保证人名等信息的准确性，此部分内容基本保留原版语言，未作翻译。

Every effort has been made to ensure the information in this book is correct and that all images have been appropriately credited. Where no photography details have been supplied, this information has been omitted. Unless indicated to the contrary, the copyright for all images is held by the supplier of the image.

P. 3 Isometric perspective drawing of Walter Gropius's office at the Weimar Bauhaus, 1923. Design by Walter Gropius, drawing by Herbert Bayer. Image courtesy of the Bauhaus Dessau Foundation (I 14280 G) / © (Gropius, Walter) VG Bild-Kunst, Bonn 2020 © (Bayer, Herbert) VG Bild-Kunst, Bonn 2020. Copyright Agency, 2020. Image by Google.

P. 4 F51 armchair by Walter Gropius. Image courtesy of Tecta, tecta.de.

P. 5 Bauhaus Cradle by Peter Keler. Image courtesy of Tecta, tecta.de.

P. 7 Red and Blue (635) Chair by Gerrit Rietveld. Image courtesy of Cassina, cassina.com, © Gerrit Thomas Rietveld/Pictoright. Copyright Agency, 2020.

P. 8 Wassily (B3) chair by Marcel Breuer. Image courtesy of Cooper Hewitt Smithsonian Design Museum, cooperhewitt.org, © Cooper Hewitt, Smithsonian Design Museum/Art Resource, NY.

P. 9 Blue Marine rug by Eileen Gray. Image courtesy of ClassiCon, classicon.com. Manufacturer ClassiCon authorised by The World Licence Holder Aram Designs Ltd.

P. 10 PH3/2 table lamp by Poul Henningsen. Image courtesy of Palainco, palainco.com.

P. 11 Weissenhof table and chair setting by J.J.P. Oud. Image courtesy of Dorotheum, dorotheum.com. Dorotheum, Vienna auction catalogue 20-06-2017.

P. 12 Hallway Chair by Alvar Aalto. Image courtesy of Artek, artek.fi. Photograph by Aino Huovio.

P. 13 Savoy Vase by Alvar Aalto. Image courtesy of the Alvar Aalto Museum, alvaraalto.fi. Photograph by Martti Kapanen.

P. 14 Model 1227 Anglepoise light by George Carwardine. Image courtesy of Anglepoise, anglepoise.com.

P. 15 American Modern tableware by Russel Wright. Image courtesy of Bauer Pottery, bauerpottery.com.

PP. 16–17 Sofa 3031 by Josef Frank. Image courtesy of Svenskt Tenn, svenskttenn.se.

P. 18 Standard Chair by Jean Prouvé. Image courtesy of Vitra, vitra.com.

P. 19 Textile Manhattan by Josef Frank. Image courtesy of Svenskt Tenn, svenskttenn.se.

P. 20 Children's chairs and stool by Charles and Ray Eames, Vitra Re-edition 2004. Image courtesy of Palm Beach Modern Auctions from 'Urban Culture, Pop & Contemporary Art' February 24, 2019, modernauctions.com.

P. 21 Womb Chair by Eero Saarinen. Image courtesy of Knoll, Inc., knoll.com.

P. 22 Ball Clock by Irving Harper and George Nelson. Image courtesy of Vitra, vitra.com.

P. 23 Gräshoppa Floor Lamp by Greta M. Grossman. Image courtesy of GUBI, gubi.com.

P. 24 Antropus armchair by Marco Zanuso. Image courtesy of Cassina, cassina.com.

P. 25 Eames Storage Unit (ESU) desk by Charles and Ray Eames. Image courtesy of Herman Miller, hermanmiller.com.

P. 28 Clockwise from top right: *Knot*, 1947, by Anni Albers, gouache on paper (43.2 x 51 cm), © 2020 The Josef and Anni Albers Foundation/Artists Rights Society, New York/DACS, London, photograph by Tim Nighswander/Imaging4Art; *Red Meander*, 1954, by Anni Albers, linen and cotton weaving (52 x 37.5 cm), © 2020 The Josef and Anni Albers Foundation/Artists Rights Society, New York/DACS, photograph by Tim Nighswander/Imaging4Art; *Red and Blue Layers*, 1954, by Anni Albers, cotton weaving (61.6 x 37.8 cm), © 2020 The Josef and Anni Albers Foundation/Artists Rights Society, New York/DACS, photograph by Tim Nighswander/Imaging4Art; design for a 1926 unexecuted wall hanging, n.d., by Anni Albers, gouache with pencil on reprographic paper (38 x 25 cm), © 2020 The Josef and Anni Albers Foundation/Artists Rights Society, New York/DACS, photograph by Tim Nighswander/Imaging4Art. Image courtesy of The Josef and Anni Albers Foundation, albersfoundation.org, © 2020 The Josef and Anni Albers Foundation/Artists Rights Society, New York/DACS, London, photograph by Tim Nighswander/Imaging4Art.

P. 29 Anni Albers, *c.* 1940. Photograph by Josef Albers. Image courtesy of The Josef and Anni Albers Foundation, albersfoundation.org, © 2020 The Josef and Anni Albers Foundation/Artists Rights Society, New York/DACS, London.

P. 30 Josef Albers at Black Mountain College, 1944. Photograph by Barbara Morgan. Image courtesy of Getty Images, © Getty Images.

P. 31 Clockwise from top right: *Park*, *c.* 1923, by Josef Albers, glass, metal, wire and paint (49.5 x 38.1 cm), © 2020 The Josef and Anni Albers Foundation/Artists Rights Society, New York/DACS, London, photograph by Tim Nighswander/Imaging4Art; Stacking tables, *c.* 1927, by Josef Albers, © 2020 The Josef and Anni Albers Foundation/Artists Rights Society, New York/DACS, London, photograph by Tim Nighswander/Imaging4Art; *Interaction of Color (50th Anniversary Edition)* by Josef Albers, Yale University Press, Connecticut, 2013, photograph by Craig Wall; *Never Before*, *c.* 1976, by Josef Albers, screen print (48.3 x 50.8 cm), © 2020 The Josef and Anni Albers Foundation/Artists Rights Society, New York/DACS, London, photograph by Tim Nighswander/Imaging4Art. Images courtesy of The Josef and Anni Albers Foundation, albersfoundation.org, © 2020 The Josef and Anni Albers Foundation/Artists Rights Society, New York/DACS, London, photograph by Tim Nighswander/Imaging4Art.

PP. 32–33 Faience Snurran vase by Stig Lindberg. Image courtesy of Bukowskis, bukowskis.com.

P. 34 Flag Halyard chair by Hans Wegner. Image courtesy of NOHO Modern, nohomodern.com. Photograph by Jeremy Petty.

P. 35 Geometric rug by Antonín Kybal. Image courtesy of Nazmiyal Collection, New York, nazmiyalantiquerugs.com.

PP. 26–37 – Moulded Fibreglass Chairs by Charles and Ray Eames. Image courtesy of Herman Miller, hermanmiller.com.

P. 38 Antelope chair by Ernest Race. Image courtesy of Christie's, christies.com, © Christie's.

P. 39 Bird chair by Harry Bertoia. Image courtesy of Knoll, Inc., knoll.com.

P. 40 Calyx fabric by Lucienne Day. Image courtesy of Robin and Lucienne Day Foundation, robinandluciennedayfoundation.org, © Robin and Lucienne Day Foundation.

P. 41 Lady armchair by Marco Zanuso. Image courtesy of Cassina, cassina.com.

P. 42 T-5-G table lamp by Lester Geis. Image courtesy of Christie's, christies.com, © Christie's.

P. 43 Hang-It-All coat rack by Charles and Ray Eames. Image courtesy of Herman Miller, hermanmiller.com.

P. 44 Krenit Bowls by Herbert Krenchel. Image courtesy of Normann Copenhagen, normann-copenhagen.com.

P. 45 Marshmallow Sofa by Irving Harper. Image courtesy of Vitra, vitra.com.

P. 46 P40 armchair by Osvaldo Borsani. Image courtesy of San Francisco Museum of Modern Art (SFMOMA), sfmoma.org. Photograph by Ben Blackwell.

P. 47 Mezzadro stool by Achille and Pier Giacomo Castiglioni. Image courtesy of Zanotta, zanotta.it.

P. 48 Coconut Lounge Chair by George Nelson Associates. Image courtesy of Herman Miller, hermanmiller.com.

P. 49 Sella stool by Achille and Pier Giacomo Castiglioni. Image courtesy of Zanotta, zanotta.it.

P. 50 Kremlin Bells (KF1500) double decanter by Kaj Franck. Image courtesy of Bukowskis, bukowskis.com.

P. 51 Egg chair by Arne Jacobsen. Image courtesy of Radisson Hotels, radissonhotels.com. Photograph by Rickard L. Eriksson.

P. 52 PH5 pendant light by Poul Henningsen. Image courtesy of Palainco, palainco.com.

P. 53 Lutrario chair by Carlo Mollino. Image courtesy of Galerie Alexandre Guillemain, Paris, alexandreguillemain.com.

P. 54 Heart Cone chair by Verner Panton. Image courtesy of Vitra, vitra.com.

P. 55 Carimate chair by Vico Magistretti. Image courtesy of De Padova depadova.com. Photograph by O. Sancassani.

P. 58 Clockwise from top right: Palio textile, 1964, by Alexander Girard for Herman Miller, image courtesy of Maharam, maharam.com; Colour Wheel Ottoman in Girard's Jacobs Coat textile, 1967, by Alexander Girard for Herman Miller, image courtesy of Herman Miller, hermanmiller.com; hexagonal motif plate, 1955, by Alexander Girard for Georg Jensen, image courtesy of Girard Studio, girardstudio.com; Crosses printed linen textile, 1957, by Alexander Girard for Herman Miller, image courtesy of Girard Studio, girardstudio.com; Braniff International Airways Lounge Armchair, 1965, by Alexander Girard for Braniff International Airways, image courtesy of Vitra Design Museum, design-museum.de, © Alexander Girard/Pictoright, Copyright Agency, 2020, photograph by Jurgen Hans.

P. 59 Alexander Girard pictured in his home studio, Grosse Pointe, Michigan, 1948. Image courtesy of Girard Studio, girardstudio.com. Photograph by Charles Eames © Eames Office LLC.

PP. 60–61 Wooden Dolls by Alexander Girard. Image courtesy of Vitra, vitra.com.

PP. 62–63 Tulip chairs by Pierre Paulin. Image courtesy of Artifort, artifort.com, © Artifort.

P. 64 Orange Slice (F437) armchair by Pierre Paulin. Image courtesy of Artifort, artifort.com, © Artifort.

P. 65 Triangle pattern bowl and vase by Aldo Londi. Image courtesy of Bitossi, bitossiceramiche.it.

P. 66 Glove Cabinet by Finn Juhl. Image courtesy of House of Finn Juhl, finnjuhl.com.

P. 67 Corona (EJ5) chair by Poul Volther. Image courtesy of Eric Jørgensen, erik-joergensen.com.

P. 68 Gulvvase bottles by Otto Brauer. Image courtesy of Bloomberry, bloomberry.eu. Photograph by Erik Hesmerg.

P. 69 Cubo (TS502) radio by Marco Zanuso and Richard Sapper. Image courtesy of Brionvega, a division of SIM2 BV international s.r.l., brionvega.it.

P. 70 Model 4801 armchair by Joe Colombo. Image courtesy of Bukowskis, bukowskis.com.

P. 71 Ball chair by Eero Aarnio. Image courtesy of Bukowskis, bukowskis.com.

P. 72 USM Haller Storage by Fritz Haller and Paul Schärer. Image courtesy of USM, usm.com.

P. 73 Nesso table lamp by Giancarlo Mattioli, Gruppo Architetti Urbanisti Città Nuova. Image courtesy of Artemide, artemide.com. Photograph by Federico Villa.

PP. 74–75 Locus Solus sunlounger by Gae Aulenti. Image courtesy of Exteta, exteta.it.

P. 76 Bofinger chair by Helmut Bätzner. Image courtesy of Metropol Auktioner, metropol.se.

P. 77 Unikko textile by Maija Isola. Image courtesy of Marimekko, marimekko.com.

P. 78 Djinn lounge chair by Olivier Mourgue. Image courtesy of Original in Berlin, originalinberlin.com.

P. 79 Allunaggio garden chair by Achille and Pier Giacomo Castiglioni. Image courtesy of Zanotta, zanotta.it.

P. 80 Dalù table lamp by Vico Magistretti. Image courtesy of Artemide, artemide.com. Photograph by Giovanni Pini.

P. 81 Ribbon (F582) chair by Pierre Paulin. Image courtesy of Artifort, artifort.com, © Artifort.

P. 82 Modo 290 chair by Steen Østergaard. Image courtesy of Nielaus, nielaus.dk.

P. 83 Bolle vases by Tapio Wirkkala. Image courtesy of Venini, venini.com.

P. 84 Pratone lounge chair by Giorgio Ceretti, Pietro Derossi and Riccardo Rosso. Image courtesy of Gufram, gufram.it.

P. 85 Gaia armchair by Carlo Bartoli. Image courtesy of Bartoli Design, bartolidesign.it, and Università Iuav di Venezia – Archivio Progetti, Fondo Mauro Masera, iuav.it. Photograph by Mauro Masera.

P. 86 Karelia lounge chair by Liisi Beckmann. Image courtesy of Zanotta, zanotta.it.

P. 87 Eclisse table lamp by Vico Magistretti. Image courtesy of Artemide, artemide.com. Photograph by Federico Villa.

P. 88 Expo Mark II Sound Chair by Grant and Mary Featherston. Image courtesy of Mary Featherston and the Museum of Applied Arts and Sciences (MAAS), maas.museum.

P. 89 Ozoo desk and chair by Marc Berthier. Image courtesy of Roche Bobois, roche-bobois.com.

P. 90 Boborelax lounge chair by Cini Boeri. Image courtesy of arflex/Seven Salotti SpA, arflex.it.

P. 91 Sacco chair by Piero Gatti, Cesare Paolini and Franco Teodoro. Image courtesy of Zanotta, zanotta.it.

P. 92 Vola KV1 mixer tap by Arne Jacobsen. Image courtesy of Vola, vola.com.

P. 93 Carnaby vases by Per Lütken. Image courtesy of BoButik, bobutik.com.au, and The Modern Object, themodernobject.co. Photograph by Craig Wall.

P. 94 Model 75 Anglepoise light by Herbert Terry & Sons. Image courtesy of Anglepoise, anglepoise.com.

P. 95 Garden Egg chair by Peter Ghyczy. Image courtesy of Bukowskis, bukowskis.com.

P. 97 UP5_6 armchair and ottoman by Gaetano Pesce. Image Courtesy of B&B Italia, bebitalia.com.

P. 98 Valentine portable typewriter by Ettore Sottsass Jr and Perry King. Image courtesy of San Francisco Museum of Modern Art (SFMOMA), sfmoma.org.

P. 99 Componibili storage by Anna Castelli Ferrieri. Image courtesy of Kartell, kartell.com.

P. 100 Uten.silo wall storage by Dorothee Becker. Image courtesy of Vitra, vitra.com.

P. 101 Tube lounge chair by Joe Colombo. Image courtesy of Cappellini, cappellini.com.

P. 104 Clockwise from top left: Wire lamp, 1972, by Verner Panton, image courtesy of Verpan, verpan.com; Curve fabric from the Decor 1 collection, 1969, by Verner Panton for Mira-X, image courtesy of Nazmiyal Collection, nazmiyalantiquerugs.com, © Verner Panton Design AG; Panton Chair, 1958–67, by Verner Panton, produced by Vitra, image courtesy of Vitra, vitra.com; VP08 rug, 1965, by Verner Panton, produced by Designer Carpets, image courtesy of Designer Carpets, designercarpets.com; *Living Sculpture*, 1972, by Verner Panton, image courtesy of verner-panton.com, © Verner Panton Design AG.

P. 105 Verner Panton portrait, *c.* 1969. Image courtesy of verner-panton.com, © Verner Panton Design AG.

PP. 106–107 Flowerpot pendant light by Verner Panton. Image courtesy of &Tradition, andtradition.com.

PP. 108–109 Multichair by Joe Colombo. Image courtesy of B-Line, b-line.it. Photograph by Alberto Parise.

P. 110 Beolit (400/500/600) radios by Jacob Jensen. Image courtesy of Bang & Olufsen (B&O), bang-olufsen.com.

P. 111 Boby storage trolley by Joe Colombo. Image courtesy of B-Line, b-line.it. Photograph by Alberto Parise.

P. 112 Revolving Cabinet by Shiro Kuramata. Image courtesy of Cappellini, cappellini.com.

P. 113 Etcetera chair by Jan Ekselius. Image courtesy of Artilleriet, artilleriet.se.

P. 114 Le Bambole armchair by Mario Bellini. Image courtesy of B&B Italia, bebitalia.com.

P. 115 Cactus coat stand by Guido Drocco and Franco Mello. Image courtesy of Gufram, gufram.it.

P. 116 Omkstak chair by Rodney Kinsman. Image courtesy of OMK 1965, omk1965.com.

P. 117 Modus chair by Centro Progetti Tecno. Image courtesy of Tecno SpA, tecnospa.com.

PP. 118–119 Ekstrem lounge chair by Terje Ekstrøm. Image courtesy of Varier Furniture, varierfurniture.com.

P. 120 Togo seating by Michel Ducaroy. Image courtesy of Ligne Roset, ligne-roset.com.

P. 121 Homage to Mondrian cabinet by Shiro Kuramata. Image courtesy of Cappellini, cappellini.com.

P. 122 Sintesi lamp by Ernesto Gismondi. Image courtesy of Artemide, artemide.com.
Photograph by Aldo Ballo.

P. 123 Spaghetti chair (101) by Giandomenico Belotti. Image courtesy of Alias, alias.design.

P. 126 Clockwise from top left: Cristallo cupboard, 2018, by Alessandro Mendini for BD Barcelona Design, image courtesy of BD Barcelona Design, bdbarcelona.com; Anna G corkscrew by Alessandro Mendini for Alessi, image courtesy of Alessi, alessi.com; Zabro table chair, 1984, by Alessandro Mendini, re-editioned by Zanotta 1989, image courtesy of Zanotta, zanotta.it; Calamobio cabinet, 1985, by Alessandro Mendini, re-editioned by Zanotta 1989, image courtesy of Zanotta, zanotta.it.

P. 127 Alessandro Mendini in his studio in Milan, 1997. Portrait by Gitty Darugar. Image courtesy of the photographer, gittydarugar.com.

P. 128 Fandango (SLR100) by Alessandro Mendini. Image courtesy of Swatch, swatch.com.

P. 129 Poltrona di Proust by Alessandro Mendini (production version). Image courtesy of Cappellini, cappellini.com.

P. 131 Carlton room divider by Ettore Sottsass. Image courtesy of Memphis Srl, memphis-milano.com. Photograph by Angelantonio Pariano.

P. 132 Wink (111) armchair by Toshiyuki Kita. Image courtesy of Cassina, cassina.com.

P. 133 Tahiti table lamp by Ettore Sottsass. Image courtesy of Memphis Srl, memphis-milano.com. Photograph by Angelantonio Pariano.

P. 134 Sindbad (118) lounge chair by Vico Magistretti. Image courtesy of Cassina, cassina.com. Photograph by M. Carrieri.

P. 135 Flower vases: 'Victoria' and 'Tanganyika' by Marco Zanini. Image courtesy of Memphis Srl, memphis-milano.com. Photograph by Charlotte Hosmer.

P. 136 Royal Chaise by Nathalie Du Pasquier. Image courtesy of San Francisco Museum of Modern Art (SFMOMA), sfmoma.org. Photograph by Katherine Du Tiel.

P. 137 Callimaco floor lamp by Ettore Sottsass. Image courtesy of Artemide, artemide.com. Photograph by Aldo Ballo.

P. 138 Sofa With Arms by Shiro Kuramata. Image courtesy of Cappellini, cappellini.com.

P. 139 Sancarlo armchair by Achille Castiglioni. Image courtesy of Tacchini, tacchini.it. Photograph by Andrea Ferrari.

P. 140 Albero flowerpot stand by Achille Castiglioni. Image courtesy of Zanotta, zanotta.it.

P. 141 Zyklus armchair by Peter Maly. Image courtesy of Vintage Addict, vintage-addict.be.

P. 142 Kettle 9093 by Michael Graves. Image courtesy of Alessi, alessi.com.

P. 143 Thinking Man's Chair by Jasper Morrison. Image courtesy of Cappellini, cappellini.com.

P. 144 Feltri (357) Armchair by Gaetano Pesce. Image courtesy of Cassina, cassina.com.

P. 145 Felt Chair by Marc Newson. Image courtesy of Cappellini, cappellini.com.

P. 146 Bird Chaise by Tom Dixon. Image courtesy of Tom Dixon, tomdixon.net.

P. 147 Getsuen chair by Masanori Umeda. Image courtesy of Edra, edra.com, © Edra. Photograph by Emilio Tremolada.

P. 148 Tropical rug by Ottavio Missoni. Image courtesy of Missoni, missoni.com/it/missoni-home.

P. 149 Pylon chair by Tom Dixon. Image Courtesy of Tom Dixon, tomdixon.net.

P. 150 Double Soft Big Easy sofa by Ron Arad. Image courtesy of Moroso, moroso.it.

P. 151 Vermelha chair by Fernando and Humberto Campana. Image courtesy of Edra, edra.com, © Edra. Photograph by Emilio Tremolada.

P. 152 Orbital floor lamp by Ferruccio Laviani. Image Courtesy of Foscarini, foscarini.com.

P. 153 Bookworm shelf by Ron Arad. Image courtesy of Kartell, kartell.com.

P. 154 Vilbert chair by Verner Panton. Image courtesy of Bukowskis, bukowskis.com.

P. 155 Euclid thermos jug by Michael Graves. Image courtesy of the Taglietti family. Photograph by Craig Wall.

P. 156 Alessandra armchair by Javier Mariscal. Image courtesy of Moroso, moroso.it.

P. 157 Stitch folding chair by Adam Goodrum. Image Courtesy of Cappellini, cappellini.com.

P. 158 Dish Doctor by Marc Newson. Image courtesy of Magis, magisdesign.com.

P. 159 Mago broom by Stefano Giovannoni. Image courtesy of Magis, magisdesign.com.

P. 160 iMac G3 by Jonathan Ive. Image courtesy of A Design Studio, adesignstudio.com.au. Photograph by Craig Wall.

P. 161 Rainbow chair by Patrick Norguet. Image courtesy of Cappellini, cappellini.com.

P. 162 Chair_One by Konstantin Grcic. Image courtesy of Magis, magisdesign.com.

P. 163 Dombo mug by Richard Hutten. Image courtesy of Gispen, gispen.com.

P. 166 Clockwise from top right: Vlinder sofa, 2018–19, by Hella Jongerius for Vitra, image courtesy of Vitra, vitra.com; Bovist pouf (Pottery version), 2005, by Hella Jongerius for Vitra, image courtesy of Vitra, vitra.com; Worker Chair, 2006, by Hella Jongerius for Vitra, image courtesy of Vitra, vitra.com; Long Neck and Groove vases, 2000, by Hella Jongerius, self-produced, image courtesy of Jongeriuslab, jongeriuslab.com, © jongeriuslab. Photograph by Gerrit Schreurs; Dot Repeat Print fabric, 2002, by Hella Jongerius for Maharam, image courtesy of Maharam, maharam.com.

P. 167 Hella Jongerius in her Berlin studio, 2018. Portrait by Roel van Toer. Image courtesy of Jongeriuslab, jongeriuslab.com.

PP. 168–169 Polder sofa in green by Hella Jongerius. Image courtesy of Vitra, vitra.com.

PP. 170–171 Org table by Fabio Novembre. Image courtesy of Cappellini, cappellini.com.

P. 172 Victoria and Albert sofa by Ron Arad. Image courtesy of Moroso, moroso.it.

P. 173 Diana tables by Konstantin Grcic. Image courtesy of ClassiCon, classicon.com.

P. 174 Campari pendant light by Raffaele Celentano. Image courtesy of Ingo Maurer GmbH, ingo-maurer.com.

P. 175 Krattenkast Cabinet by Mark van der Gronden. Image courtesy of Lensvelt, lensvelt.nl.

P. 176 Corallo armchair by Fernando and Humberto Campana. Image courtesy of Edra, edra.com, © Edra. Photograph by Emilio Tremolada.

P. 177 Vegetal chair by Ronan and Erwan Bouroullec. Image courtesy of Vitra, vitra.com.

P. 178 Kast storage unit by Maarten Van Severen. Image courtesy of Vitra, vitra.com.

P. 179 Frame outdoor seating by Francesco Rota. Image courtesy of Paola Lenti, paolalenti.it. Photograph by Sergio Chimenti.

P. 180 Leaf Personal Light by YvesBéhar/fuseproject. Image courtesy of YvesBéhar/fuseproject, fuseproject.com.

P. 181 Smock armchair by Patricia Urquiola. Image courtesy of Moroso, moroso.it.

PP. 182–183 Showtime Multileg Cabinet by Jaime Hayon. Image courtesy of BD Barcelona Design, bdbarcelona.com. Photograph by Rafael Vargas, Estudiocolor.

P. 184 Twiggy floor lamp by Marc Sadler. Image courtesy of Foscarini, foscarini.com.

P. 185 Mr Bugatti collection by François Azambourg. Image courtesy of Cappellini, cappellini.com.

P. 186 Slow Chair by Ronan and Erwan Bouroullec. Image courtesy of Vitra, vitra.com. Photograph by Paul Tahon/ Ronan and Erwan Bouroullec.

P. 187 Showtime Vases by Jaime Hayon. Image courtesy of BD Barcelona Design, bdbarcelona.com. Photograph by Rafael Vargas, Estudiocolor.

P. 189 Iris 1200 table by Barber Osgerby. Image courtesy of Established & Sons, establishedandsons.com. Photograph by Mark O'Flaherty.

P. 190 Motley ottoman by Donna Wilson. Image courtesy of SCP, scp.co.uk.

P. 191 PXL light by Fredrik Mattson. Image courtesy of Zero Lighting, zerolighting.com.

P. 192 Fields wall light by Vicente García Jiménez. Image courtesy of Foscarini, foscarini.com.

P. 193 Bouquet chair by Tokujin Yoshioka. Image courtesy of Moroso, moroso.it.

P. 196 Clockwise from top left: Chandlo dressing table, 2012, by Doshi Levien for BD Barcelona Design, image courtesy of BD Barcelona Design, bdbarcelona.com; Rabari rug (pattern No. 1), 2014, by Doshi Levien for Nanimarquina, image courtesy of Nanimarquina, nanimarquina.com; Principessa daybed, 2008, by Doshi Levien for Moroso, image courtesy of Moroso, moroso.it; Paper Planes lounge chair, 2010, by Doshi Levien for Moroso, image courtesy of Moroso, moroso.it.

P. 197 Doshi Levien portrait by Petr Krejčí. Image courtesy of the photographer, petrkrejci.com.

PP. 198–199 My Beautiful Backside sofa by Doshi Levien. Image courtesy of Moroso, moroso.it.

P. 200 Wrongwoods cabinet by Sebastian Wrong and Richard Woods. Image courtesy of Established & Sons, establishedandsons.com. Photograph by Peter Guenzel.

P. 201 Confluences sofa by Philippe Nigro. Image courtesy of Ligne Roset, ligne-roset.com.

PP. 202–203 Do-Lo-Rez sofa by Ron Arad. Image courtesy of Moroso, moroso.it.

P. 205 Valises wardrobe by Maarten De Ceulaer. Image courtesy of Horm Casamania, horm.it.

P. 206 Lolita lamps by Nika Zupanc. Image courtesy of Moooi, moooi.com.

P. 207 Sushi Collection by Edward van Vliet. Image courtesy of Moroso, moroso.it.

P. 208 Raw chair by Jens Fager. Image courtesy of Bukowskis, bukowskis.com.

P. 209 Tropicalia chair by Patricia Urquiola. Image courtesy of Moroso, moroso.it.

P. 210 Stack cabinet by Raw-Edges. Image courtesy of Established & Sons, establishedandsons.com. Photograph by Peter Guenzel.

P. 211 Big Table by Alain Gilles. Image courtesy of Bonaldo, bonaldo.it.

P. 212 Tip Ton chair by Barber Osgerby. Image courtesy of Vitra, vitra.com.

P. 213 Bold chair by Big-Game. Image courtesy of Moustache, moustache.fr.

P. 214 Nuance chair and ottoman by Luca Nichetto. Image courtesy of Nichetto Studio, nichettostudio.com. Photograph by Fausto Trevisan.

P. 215 Peacock chair by Dror Benshetrit. Image courtesy of Cappellini, cappellini.com.

P. 218 Clockwise from top right: Ottoman lounge chair and ottoman, 2016, by Scholten & Baijings for Moroso, image courtesy of Moroso, moroso.it; Butte containers (turtle, tuna, tree versions), 2010, by Scholten & Baijings for Established & Sons, image courtesy of Established & Sons, establishedandsons.com; Colour Carpet No. 5, 2011, by Scholten & Baijings for HAY, image courtesy of HAY, hay.dk; L'univers coloré de Scholten & Baijings porcelain vases, *décor horizontal*, by Scholten & Baijings, 2017, produced by Sèvres, image courtesy of Sèvres, sevresciteceramique.fr, © Gérard Jonca / Sèvres, National Factory and Museum; Strap chair, 2014, by Scholten & Baijings, manufactured by Moroso, 2018, image courtesy of Scholten & Baijings, scholtenbaijings.com.

P. 219 Scholten & Baijings portrait by Freudenthal/Verhagen. Image courtesy of the photographer, freudenthalverhagen.com.

PP. 220–221 Amsterdam Armoire by Scholten & Baijings. Image courtesy of Established & Sons, establishedandsons.com. Photograph by Peter Guenzel.

PP. 222–223 Brick chandelier by Pepe Heykoop. Image courtesy of the designer, pepeheykoop.nl.

P. 224 Amuleto task light by Alessandro Mendini. Image courtesy of RAMUN, ramun.com.

P. 225 Spin stool by Staffan Holm. Image courtesy of Swedese, swedese.com, © Swedese.

P. 226 Jumper armchair by Bertjan Pot. Image courtesy of Established & Sons, establishedandsons.com. Photograph by Peter Guenzel.

P. 227 Peg coat stand by Tom Dixon. Image courtesy of Tom Dixon, tomdixon.net.

P. 228 Guichet wall clock by Inga Sempé. Image courtesy of Moustache, moustache.fr.

P. 229 Circle floor lamp by Monica Förster. Image courtesy of De Padova historical archive, depadova.com.

P. 230 Toolbox by Arik Levy. Image courtesy of Vitra, vitra.com.

P. 231 Sparkling chair by Marcel Wanders. Image courtesy of DAAST Design, daast.com.au. Photograph by Craig Wall.

P. 232 Mask by Bertjan Pot. Image courtesy of Studio Bertjan Pot, bertjanpot.nl. Photograph by Marjolein Fase.

P. 233 Bau pendant light by Vibeke Fonnesberg Schmidt. Image courtesy of Normann Copenhagen, normann-copenhagen.com.

P. 234 Light Forest by Ontwerpduo. Image courtesy of Ontwerpduo/Aptum, ontwerpduo.nl, aptumlighting.com.

P. 235 Roofer (F12) pendant light by Benjamin Hubert. Image courtesy of Fabbian, fabbian.com.

P. 236 LoTek task light by Javier Mariscal. Image courtesy of Artemide, artemide.com.

P. 237 Eu/phoria chair by Paola Navone. Image courtesy of Eumenes, eumenes.it.

P. 238 Grillage outdoor chair by François Azambourg. Image courtesy of Ligne Roset, ligne-roset.com.

P. 239 Kora vase by Studiopepe. Image courtesy of Studiopepe, studiopepe.info. Photograph by Silvia Rivoltella.

PP. 240–241 Borghese sofa by Noé Duchaufour-Lawrance. Image courtesy of La Chance, lachance.paris.

P. 242 Anemone rug by François Dumas. Image courtesy of La Chance, lachance.paris.

P. 243 Paper Patchwork Cupboard by Studio Job. Image courtesy of Moooi, moooi.com.

P. 244 Meltdown floor lamp by Johan Lindstén. Image courtesy of Cappellini, cappellini.com.

P. 245 Windmill poufs by Constance Guisset. Image courtesy of La Cividina, lacividina.com.

P. 246 Kaleido trays by Clara von Zweigbergk. Image courtesy of HAY, hay.dk.

P. 247 Geo vacuum jug by Nicholai Wiig Hansen. Image courtesy of Normann Copenhagen, normann-copenhagen.com.

PP. 248–249 Common Comrades side tables by Neri&Hu. Image courtesy of Moooi, moooi.com.

P. 250 Poke stool by Kyuhyung Cho. Image courtesy of the designer, studio-word.com.

P. 251 Pick 'N' Mix table and bench by Daniel Emma. Image courtesy of Tait, madebytait.com.au.

PP. 252–253 Float sofa by Karim Rashid. Image courtesy of Sancal, sancal.com.

P. 254 Spin 1 rug by Constance Guisset. Image courtesy of Nodus, nodusrug.it. Photograph by Marco Moretto.

P. 255 Pion tables and stool by Ionna Vautrin. Image courtesy of Sancal, sancal.com.

P. 258 Clockwise from top left: Valextra Iside 'Toothpaste' handbag, Spring/Summer 2018, by Bethan Laura Wood for Valextra, image courtesy of Valextra, valextra.com; Mono Mania Mexico textile, 2018, by Bethan Laura Wood for Moroso, image courtesy of Moroso, moroso.it; Tongue tea set, 2019, by Bethan Laura Wood for Rosenthal, image courtesy of Rosenthal, rosenthal.de; Guadalupe vase, 2016, by Bethan Laura Wood for Bitossi, image courtesy of Bitossi, bitossiceramische.com.

P. 259 Bethan Laura Wood at the Moroso showroom in Milan, 2018. Portrait by Craig Wall. Image courtesy of the photographer, craigwall.com.

PP. 260–261 Super Fake rug in Super Rock shape and Moon colourway by Bethan Laura Wood. Image courtesy of cc-tapis, cc-tapis.com.

P. 262 Tudor cabinet by Kiki van Eijk and Joost van Bleiswijk. Image courtesy of Moooi, moooi.com.

P. 263 And A And Be And Not screen by Camilla Richter. Image courtesy of Cappellini, cappellini.com, © Cappellini.

P. 264 Wood Bikini chair by Werner Aisslinger. Image courtesy of Moroso, moroso.it.

P. 265 Reddish vessels by Studio RENS. Image courtesy of the designer, madebyrens.com. Photograph by Lisa Klappe.

P. 266 Chair Lift furniture by Martino Gamper and Peter McDonald. Image courtesy of Moroso, moroso.it.

P. 267 Color Fall shelving by Garth Roberts. Image courtesy of the designer, garthglobal.com. Photograph by Greta Brandt.

P. 268 Seams vessels by Benjamin Hubert. Image courtesy of Bitossi, bitossiceramiche.it.

P. 269 Mollo armchair by Philippe Malouin. Image courtesy of Established & Sons, establishedandsons.com. Photograph by Peter Guenzel.

P. 270 Gear 4 vase by Floris Hovers. Image courtesy of Cor Unum, cor-unum.com.

P. 271 Roly Poly chair by Faye Toogood. Image courtesy of Driade, driade.com.

P. 272 Screen hanging room divider by GamFratesi. Image courtesy of Cappellini, cappellini.com.

P. 273 Wire S#1 chaise by Muller Van Severen. Image courtesy of Muller Van Severen, mullervanseveren.be.

P. 275 Gyro table by Brodie Neill. Image courtesy of the designer, brodieneill.com.

P. 276 Topographie Imaginaire rug by Matali Crasset. Image courtesy of Nodus, nodusrug.it. Photograph by Marco Moretto.

P. 277 Minima Moralia screen by Christophe de la Fontaine. Image courtesy of Dante Goods and Bads, dante.lu.

P. 278 Sam Son armchair by Konstantin Grcic. Image courtesy of Magis, magisdesign.com.

P. 279 Mark table and chair by Sebastian Herkner. Image courtesy of Linteloo, linteloo.com.

P. 281 Utrecht (637) armchair Collectors' Edition by Gerrit Rietveld with Boxblocks fabric by Bertjan Pot, released for C90 (Cassina's 90th anniversary). Image courtesy of Cassina, cassina.com, © Gerrit Thomas Rietveld/Pictoright. Copyright Agency, 2020. Photograph by Beppe Brancato.

P. 282 Tricolore vases by Sebastian Herkner. Image courtesy of &Tradition, andtradition.com.

P. 283 Blue Candleholders by Thomas Dariel. Image courtesy of Cappellini, cappellini.com.

P. 284 Filo table lamp by Andrea Anastasio. Image courtesy of Foscarini, foscarini.com.

P. 285 Fontana Amorosa Parachute pendant light by Michael Anastassiades. Image courtesy of Nilufar Gallery, nilufar.com. Photograph by Daniele Iodice.

P. 286 Caryllon Dining Table by Cristina Celestino. Image courtesy of Gebrüder Thonet Vienna GmbH (GTV), gebruederthonetvienna.com.

P. 287 Plissé electric kettle by Michele De Lucchi. Image courtesy of Alessi, alessi.com.

P. 288 Tape modular sofa system by Benjamin Hubert. Image courtesy of Moroso, moroso.it.

P. 289 Garden of Eden rug by India Mahdavi. Image courtesy of Golran, golran.com.

P. 290 Bliss rug by Mae Engelgeer. Image courtesy of cc-tapis, cc-tapis.com.

P. 291 Totem floor lamps by Studio Sabine Marcelis. Image courtesy of the designer, sabinemarcelis.com. Photograph by Pim Top.

P. 292 Dolls chair by Raw-Edges. Image courtesy of Louis Vuitton, louisvuitton.com.

P. 293 Butterfly console by Hannes Peer. Image courtesy of SEM/Spotti Edizioni Milano, sem-milano.com. Photograph by Delfino Sisto Legnani.

P. 294 Apollo dining chair by Lara Bohinc. Image courtesy of the designer, bohincstudio.com.

P. 295 District fabric by Kelly Wearstler. Image courtesy of Lee Jofa, kravet.com/lee-jofa.

P. 296 Talleo tallboy by Adam&Arthur. Image courtesy of the designer, adamandarthur.com, and Talarno Galleries, talarnogalleries.com. Photograph by Jennifer Chua.

P. 297 CHUBBY teapot by Laureline Galliot. Image courtesy of the designer, laurelinegalliot.com, © Laureline Galliot/ADAGP, Paris, 2020. Copyright Agency, 2020.

致谢

这本书依赖于老一辈和新一辈设计师、建筑师的聪明才智和创造力。没有他们的付出，我们的生活一定不会像现在这样有趣，当然也不会这样丰富多彩。感谢他们让我们的世界变得如此丰富多彩。

我还要感谢以下人士为本书的出版所提供的帮助：

感谢克里斯汀·阿伯特（Kirsten Abbott）对本书的信任，并允许我们以自己的方式自由地完成。

感谢山姆·波尔弗里曼（Sam Palfreyman）在临近截稿日期之时仍能保持冷静地监督。

感谢英文版编辑菲奥娜·丹尼尔斯（Fiona Daniels）的出色编辑技巧和精彩的措辞，让我对这些设计作品的表达更具可读性。

感谢莉莉·拉纳汉（Lily Lanahan）在寻找照片时所展现的无尽的耐心和毅力。

感谢埃维·奥托莫（Evi Oetomo）的长期支持和极具影响力的设计，以及尼科尔·豪（Nicole Ho）对版式多次调整和微小变动的积极回应。

感谢弗兰·摩尔（Fran Moore）在出版领域的卓越能力和经验。

感谢来自 Splitting Image 的特雷弗·约斯特（Trevor Jost）的出色修图。

感谢克雷格·沃尔（Craig Wall）在摄影方面的慷慨帮助，并在我驻米兰期间与我共事。

感谢亚历克斯·菲茨帕特里克（Alex Fitzpatrick）、乔纳森·理查兹（Jonathan Richards）、安德鲁·索思伍德-琼斯（Andrew Southwood-Jones）、亚历山大·卡申（Alexander Kashin）、玛丽·豪厄尔斯莱夫（Marie Hauerslev）、保罗·麦金尼斯（Paul McInnes）和塔格雷提家族（Taglietti）提供古董供我们拍摄。

最后，感谢艾尔伯斯夫妇基金会（The Josef and Anni Albers Foundation）的艾米·珍·波特（Amy Jean Porter）对我们的帮助和大力支持。

感谢 Verner Panton Design AG 公司的凯特·尼森·默勒（Kate Nissen Moeller）的耐心和理解。

感谢来自吉拉德工作室的阿雷沙尔·吉拉德·马克森（Aleishall Girard Maxon），她让亚历山大·吉拉德的记忆得以长存。

感谢来自 Fondazione studio museo Vico Magistretti 公司的玛格丽塔·佩利诺（Margherita Pellino）在寻找图片以及核实设计日期及细节方面给予的巨大帮助。

感谢 Atelier Mendini 公司的比阿特丽斯·菲利斯（Beatrice Felis），她为我无数的问题提供了耐心的解答。

感谢 Jongeriuslab 公司的阿曼达·菲茨-詹姆斯（Amanda Fitz-James），她提供了我们需要的所有产品。

感谢布科夫斯基拍卖行（Bukowskis auction house）提供了很多难以找到的设计作品的图片。

感谢 YouTube 在深夜提供的音乐支持。

感谢所有公关和市场人员、古董商和拍卖行，他们慷慨地提供了图片和信息。

最后，感谢凯伦·麦卡特尼（Karen McCartney），感谢她所做的一切。

关于作者

摄影：山姆 · 麦克亚当 - 库珀（Sam McAdam-Cooper）

大卫 · 哈里森是澳大利亚知名的设计行业撰稿人和室内设计师。他创建了广受欢迎的网站 designdaily.com.au，该网站涵盖了国际上各种与设计相关的主题。长期以来，他为 *Belle*、*Vogue Living*、*Inside Out*、*Habitus* 等众多室内设计杂志撰写文章，积累了丰富的行业经验。他还亲自操刀室内设计项目，并成功设计出一系列户外家具，这些作品均以 Design Daily 品牌推出。

著作权合同登记号桂图登字：20-2024-036 号

图书在版编目（CIP）数据

色彩的故事：世界产品设计配色 100 年 /（澳）大卫·哈里森编著；刘巍巍译．—桂林：广西师范大学出版社，2024.8
书名原文：A Century of Colour in Design
ISBN 978-7-5598-6936-4

Ⅰ．①色… Ⅱ．①大… ②刘… Ⅲ．①产品设计－配色
Ⅳ．① TB472.3

中国国家版本馆 CIP 数据核字（2024）第 093927 号

色彩的故事：世界产品设计配色 100 年
SECAI DE GUSHI：SHIJIE CHANPIN SHEJI PEISE 100 NIAN

出 品 人：刘广汉
责任编辑：季 慧
装帧设计：马韵蕾

广西师范大学出版社出版发行
（广西桂林市五里店路 9 号 邮政编码：541004
网址：http://www.bbtpress.com）
出版人：黄轩庄
全国新华书店经销
销售热线：021-65200318 021-31260822-898
恒美印务（广州）有限公司印刷
（广州市南沙区环市大道南路 334 号 邮政编码：511458）
开本：890 mm × 1 240 mm 1/32
印张：10 字数：200 千
2024 年 8 月第 1 版 2024 年 8 月第 1 次印刷
定价：138.00 元